高等学校土木工程专业系列选修课教材

建筑结构 CAD 应用基础

本系列教材编委会组织编写

叶献国　徐秀丽　主编

中国建筑工业出版社

图书在版编目（CIP）数据

建筑结构 CAD 应用基础/叶献国，徐秀丽主编 . —北京：中国建筑工业出版社，2000
高等学校土木工程专业系列选修课教材
ISBN 978-7-112-04023-0

Ⅰ．建… Ⅱ．①叶…②徐… Ⅲ．建筑结构-计算机辅助设计-高等学校-教材 TV.TU318

中国版本图书馆 CIP 数据核字（2000）第 11619 号

为满足土木工程专业"建筑结构 CAD"课程教学的实际需要，根据近年来的教学和工程设计经验，编写了本教材。全书包括建筑结构 CAD 应用概况和发展；CAD 系统构成简介；Auto CAD 及其在结构工程中的应用；PKPM 系列软件的应用及实例；TBSA 软件的应用及实例；GSCAD 软件的应用及实例；CAD 应用中应注意的问题七章内容。

本书侧重 CAD 技术的实际应用，旨在使读者结合上机实际操作，迅速掌握常用应用软件的使用方法和有关操作技巧，为今后的工程设计打下良好基础。

高等学校土木工程专业系列选修课教材
建筑结构 CAD 应用基础
本系列教材编委会组织编写
叶献国　徐秀丽　主编

*

中国建筑工业出版社出版、发行（北京西郊百万庄）
各地新华书店、建筑书店经销
北京同文印刷有限责任公司印刷

*

开本：787×1092 毫米　1/16　印张：10 1/2　字数：249 千字
2000 年 6 月第一版　2007 年 8 月第十二次印刷
印数：22001—23500 册　定价：**13.00 元**
ISBN 978-7-112-04023-0
(9430)

版权所有　翻印必究
如有印装质量问题，可寄本社退换
（邮政编码　100037）

土木工程专业系列选修课教材

编委会名单

主 任 委 员：宰金珉
副主任委员：刘伟庆
委　　　员（按姓氏笔划为序）：
　　　　　　　王国体　艾　军　刘　平　孙伟民　刘伟庆　刘　瑞
　　　　　　　朱聘儒　陈忠汉　陈国兴　吴胜兴　完海鹰　李　琪
　　　　　　　柳炳康　宰金珉　章定国

前　言

　　计算机辅助设计（CAD，为英文 Computer Aided Design 的缩写）是利用计算机硬件和软件系统强大的计算功能和高效灵活的图形处理能力，帮助工程设计人员进行工程和产品的设计与开发，以达到缩短设计周期、提高设计质量、降低成本、提高市场竞争力的一门先进技术。作为一项综合性的、技术复杂的系统工程，CAD 技术涉及众多学科的高新技术领域，如计算机硬件技术、工程设计知识和方法、计算数学、计算力学、计算机图形学、数据结构和数据库、人工智能及专家系统、仿真技术等。CAD 技术这门崭新技术已广泛渗透和普及于机械制造、航空、船舶、汽车、土木工程、电子、轻工、纺织服装、大规模集成电路以及环境保护、城市规划等许多行业，成为代表与衡量一个国家科技与工业现代化水平的一个重要标志，已经并将进一步给人类带来巨大利益和影响。

　　与世界发达国家相比，我国工程设计领域引入 CAD 技术相对比较晚。经过十几年的开发研制，目前我国已有多种商品化应用软件在设计部门得到广泛应用。随着计算机硬件和软件技术突飞猛进的发展和我国经济建设的高速发展，近几年来，工程设计行业计算机应用环境有了极大的改善，应用水平得到了很大的提高。计算机的应用基本上覆盖了勘察设计的全过程。在土木建筑设计领域，我国的 CAD 技术应用水平与发达国家的差距已大大缩小。建筑工程从建筑方案设计、结构布置和内力分析、构件截面设计计算、施工图绘制到预算全过程可实现 CAD 一体化完成。目前在设计单位中，已有 95% 左右的单位不同程度地应用了 CAD 技术，CAD 出图率平均达 50% 以上。绝大多数的大、中型设计院的设计技术人员已"人手一机"，提前实现了前国家科委和建设部提出的 2000 年甩掉绘图板的目标。有些设计院还建立了计算机网络系统，正向集成化、智能化方向发展。有些单位还将工程项目管理和电子光盘档案管理应用于网络中，逐步向工程设计管理与生产的"无纸化"全过程管理迈进，这样的进步将推动设计单位的技术装备水平再上新台阶，增强市场竞争能力。实现应用环境网络化、应用系统集成化、应用软件智能化的目标，迎接即将到来的 21 世纪的挑战，已提到人们的议事日程上来。

　　形势向土木工程专业的教学培养目标提出了更高的新要求。培养和锻炼学生的计算机应用能力，提高其计算机应用水平，关系到毕业生在走向工作岗位时的竞争能力，以及在实际工作环境中的适应能力。为了满足土木工程专业"建筑结构 CAD"课程教学的实际需要，我们根据近年来的教学和工程设计经验，编写了本教材。全书共分七章，介绍了 CAD 技术在我国土木建筑工程中的应用现状和发展方向，CAD 系统的硬件和软件系统的构成及其最新发展，当前国内主流结构设计 CAD 商品化软件的使用和设计实例，以及若干值得注意的问题，其中第 3 章（AutoCAD）、第 4 章（PKPM）和第 5 章（TBSA）为全书重点。本书侧重 CAD 技术的实际应用，旨在使读者结合上机实际操作，迅速掌握常用应用软件的使用方法和有关操作技巧，为今后的工程设计实践打下良好基础。本书可供土木工程专业本（专）科常日制或成人类教学使用，各校可根据具体教学时数、上机条件等实际情况对其中内容自行取舍。本书也便于土木工程技术人员自学使用。

全书由叶献国、徐秀丽主编,南京建筑工程学院孙伟民担任本书主审。书中第1章、第2章和第7章由合肥工业大学叶献国编写,第3章由河海大学周纪凯编写,第4章由南京建筑工程学院徐秀丽编写,第5章由扬州大学汤保新编写,第6章由苏州城建环保学院曲延全、曹冬冬编写,全书由叶献国统稿。由于计算机技术发展日新月异,也限于编者水平有限,对CAD这门高新技术的最新进展了解和认识不够全面,本教材的疏漏和错误之处在所难免,恳请广大读者批评指正,以利我们修订更新。

感谢中国建筑科学研究院工程部主任陈岱林高级工程师对本书编写工作的支持。

在本书编写过程中我们还参阅了有关文献,在此对这些文献的作者表示衷心的感谢。

叶献国

1999年10月

目 录

前言

第1章 建筑结构CAD应用概况和发展 ... 1
1.1 CAD的发展历史 ... 1
1.2 CAD技术在我国建筑行业中的应用及现状 ... 2
1.3 国内流行CAD结构应用软件概览 ... 3
1.4 土建行业CAD发展趋势 ... 7

第2章 CAD系统构成简介 ... 10
2.1 计算机及网络概述 ... 10
2.2 CAD硬件系统及其要求 ... 12
2.3 CAD软件系统及其要求 ... 20
2.4 计算机辅助设计系统的形式 ... 26

第3章 AutoCAD及其在结构工程中的应用 ... 27
3.1 AutoCAD的概述 ... 27
3.2 AutoCAD的基本操作 ... 30
3.3 AutoCAD绘制建筑结构施工图实例 ... 47
3.4 AutoCAD二次开发的方法 ... 57

第4章 PKPM系列软件的应用与实例 ... 60
4.1 PKPM系列软件概况 ... 60
4.2 PKPM系列软件的运行环境及安装 ... 63
4.3 PKPM系列软件（Windows版）功能热键 ... 66
4.4 结构平面辅助设计软件PMCAD ... 67
4.5 钢筋混凝土框排架及连续梁结构计算与施工图绘制软件PK ... 90
4.6 多层及高层建筑结构三维分析与设计软件TAT ... 98

第5章 TBSA软件的应用及实例 ... 116
5.1 TBSA软件概况 ... 116
5.2 TBSA软件的基本使用方法 ... 118
5.3 TBSA软件建筑结构设计实例 ... 132

第6章 GSCAD软件的应用及实例 ... 140
6.1 GSCAD软件功能和特点 ... 140
6.2 网架分类简介 ... 141
6.3 GSCAD软件基本使用方法 ... 146
6.4 GSCAD软件设计实例 ... 148

第7章 CAD应用中应注意的问题 ... 153
7.1 合理配置硬件资源 ... 153
7.2 合理配置软件资源 ... 153

7.3	正确对待CAD技术	154
7.4	了解软件编制的技术条件	154
7.5	正确掌握软件的使用方法	154
7.6	CAD输出结果的检查与校核	155
7.7	CAD设计结果的分析与判断	155
7.8	CAD日常使用中应注意的事项	156

主要参考文献 ······ 157

第1章 建筑结构 CAD 应用概况和发展

计算机辅助设计（CAD，为英文 Computer Aided Design 的缩写）是利用计算机硬件和软件系统强大的计算功能和高效灵活的图形处理能力，帮助工程设计人员进行工程设计和产品设计与开发，以达到缩短设计周期、提高设计质量、降低成本、提高市场竞争力的一门先进技术。作为一项综合性的、技术复杂的系统工程，CAD 技术涉及众多学科的高新技术领域，如计算机硬件技术、工程设计知识和方法、计算数学、计算力学、计算机图形学、数据结构和数据库、人工智能及专家系统、仿真技术等。CAD 技术这门崭新技术已广泛渗透和普及于机械制造、航空、船舶、汽车、土木工程、电子、轻工、纺织服装、大规模集成电路以及环境保护、城市规划等许多行业，成为代表与衡量一个国家科技与工业现代化水平的一个重要标志，已经并将进一步给人类带来巨大利益和影响。

1.1 CAD 的发展历史

CAD 技术主要是用计算机及其图形输入/输出外围设备帮助设计人员进行工程和产品设计的技术，它的发展与计算机硬件及其软件的发展和完善是紧密相关的。这一历程起源于 20 世纪 50 年代初期，当时美国麻省理工学院（MIT）研制开发出了数控自动铣床，随后又完成了用于数控的 APT 语言，从此开始了对 CAD 技术的研究。50 年代末，在数控铣床的基础上，美国 GERBER 公司研制出平板式绘图仪。美国 CALCOMP 公司则制成了滚筒式绘图仪。这就为 CAD 技术的实现提供了最基本的物质条件。MIT 的研究人员当时提出了 CAD 技术的三个研究目标，即：①实现人机的交互式对话；②以图形为媒介实现人机对话；③实现计算机辅助模拟。

1963 年美国麻省理工学院林肯实验室的 I.E. Sutherland 开发成功了 Sketchpad 系统，该系统将图形显示器、键盘、光笔等设备连接在计算机上，使设计者可以和计算机进行对话，对在显示器上显示的图形进行交互式处理，初步实现了前述的三个目标，标志着 CAD 技术的诞生。1964 年美国通用汽车公司开发出 DAC-1 系统，并将它用于汽车设计，第一个实现了 CAD 技术在工程设计中的应用。在此后的 30 年里，随着超大规模集成电路、光栅图形显示器等计算机技术的高度发展，计算机及各种外部设备性能价格比的不断提升和有关图形处理软件的成熟，CAD 技术随之经历了一个快速发展的历程。可以把 CAD 技术发展分成四个阶段：

（1）第一阶段，60 年代初期～60 年代末期。这个阶段的 CAD 系统以使用大型通用机（晶体管电路为主）和刷新式图形显示器为基本标志。这个时期的 CAD 系统价格昂贵，性能简单，全世界只有少数大企业研制或拥有大约 200 套 CAD 系统，主要应用于航空和汽车制造业。

（2）第二阶段，60 年代末期～70 年代末期。60 年代末，美国 DEC 公司开始生产出价格相当低廉的小型机，同时价格更加便宜的存储管式显示器也得到应用，光笔、图形输入板等各种形式的图形输入设备也投入应用，使得 CAD 系统的价格大幅度下降，促使 CAD 技术有可能得到快速发展和推广。这个时期开发出的 CAD 系统在微电子行业中集成电路和印刷电路板设计中得到广泛应用。Applicon 公司、Computer Vision 公司、Calma 公司等推出了被称为 TurnKey 的图形处理系统后，交互式作图已是较容易的事了。随着计算机绘图技术实用化，图形数据库得到开发，此时商品化 CAD 系统在中小企业中开始应用与推广。

（3）第三阶段，80 年代初期～90 年代初期。在此时期出现了廉价的固体电路随机存储器，产生逼真图形的光栅扫描显示器、鼠标器、静电式绘图仪，伴随着超大规模集成电路技术的进步，微型机、超级微型机和图形工作站得到普及使用，商品化图形系统也获得迅速发展，使 CAD 技术从发达国家向发展中国家扩展，从用于产品设计发展到用于工程设计，标志着 CAD 技术进入了实用期。但是，到了这一程度也只能称得上是充分应用了计算机辅助绘图（Computer Aided Drawing），对于达到 MIT 所提出的第三个目标，即真正实现计算机辅助模拟，模拟人在以往的产品或工程设计的整个过程的所有工作，仍然是一项长期而艰巨的任务，有许多技术困难需要深入研究和加以解决。

（4）第四阶段，即从 90 年代中期至今。当前计算机技术正以前所未有的速度飞跃发展，以 Intel 公司芯片技术为代表的硬件革命，为 CAD 技术的创新提供了更加强大的实现手段。计算机辅助设计作为一项多学科交叉、渗透的高科技发展产物，目前正向着集成化、协同化、智能化的方向发展，在新世纪里必将产生巨大的变革。

1.2 CAD 技术在我国建筑行业中的应用及现状

由于历史上的原因，我国现代科学技术的发展一度受到阻碍而整体水平滞后于世界先进水平，包括 CAD 技术的研究、开发也起步较晚。自 60 年代末期，最早在航空、造船和汽车行业开始了对 CAD 技术的研究和开发工作，初期阶段主要是引进国外的一些 CAD 系统，对 CAD 技术作原理和算法上的研究，形成了我国自己的 CAD 技术研究队伍。随后开发出一批实验性系统，取得一些应用性成果，CAD 技术也向更多的行业领域扩散，土木建筑行业是较早应用 CAD 技术的行业之一。20 世纪 70 年代之前，工程设计及科研使用国产计算机（如 TQ16，709 机等）来完成数值计算与结构分析，机器体积大、速度慢、容量小且价格昂贵，采用纸带穿孔输入程序及数据，使用十分不便。由于价格昂贵，全国只有少数几家大型国防和工业与民用设计院才有条件拥有这样的计算机开展 CAD 应用工作，而且实用软件数量相当有限。

80 年代初期随着我国改革开放的进展，较广泛地使用进口计算机成为可能。1981 年 IBM 推出第一台 PC 机，使得专业人员可以直接上微机操作，为了解决应用软件的问题，开始把大机器上的程序移植到 PC 机上，研究"小机算大题"的技术并取得有效的成果。由于依赖键盘输入来建立数据文件，大量的数据输入输出处理工作仍困扰着工程技术人员。

80 年代后期，具有图形前后处理功能的结构设计软件开始进入实用阶段。目前前处理广泛采用了人机图形交互输入数据，后处理可将计算设计结果以图形方式输出（如变形图、内力图、振形图等），直至自动生成完整的施工图。大大提高了工作效率，使得普通技术人员也可上机完成设计工作。开发结构设计应用软件工作量较大,除了涉及图形、汉字等软件技术外,还涉及众多计算理论和方法、规范要求及各种不同的图纸表达习惯作法。从上部结构到基础,计算数据准备、结构分析、配筋设计到出施工图,既要求方便的人工干预又要尽可能提高自动化水平。经过十几年的开发研制,目前我国已有多种商品化应用软件(如 PKPM, TBSA, TUS, ABDS, PIEMCAD, SACB, MSTCAD, 3D3S 等)在设计部门得到广泛应用。随着计算机容量、速度、显示分辨率等硬件性能的提高以及国外高性能的图形支撑软件的引进,继结构设计 CAD 技术的率先成功之后,建筑及设备专业的 CAD 技术也日益成熟,可以进行三维造型,自动生成平、立、剖施工图,渲染图可以表现光影、质感和纹理。目前国产软件如 HOUSE 建筑 CAD 软件包、ABD 建筑绘图软件、天正建筑绘图软件,以及国外引进的先进软件如 3D Studio, 3DMAX, Photoshop, CorelDraw 等已在建筑设计中广泛使用。通过十几年的努力,工程设计行业计算机应用环境有了极大的改善,应用水平得到了很大的提高。CAD 的应用基本上覆盖了勘察设计的全过程,从而促进了 CAD 应用技术的普及和提高。目前在设计单位中,已有 95% 左右的单位不同程度地应用了 CAD 技术,CAD 出图率平均达 50% 以上。目前绝大多数的大、中型设计院的设计技术人员已"人手一机",提前实现了前国家科委和建设部提出的 2000 年甩掉绘图板的目标。有些设计院还建立了网络系统,正向集成化、智能化方向发展。有些单位还将工程项目管理和电子光盘档案管理应用于网络中,逐步向工程设计管理与生产的"无纸化"全过程管理迈进,这样的进步将推动设计单位的技术装备水平再上新台阶,增强市场竞争能力。实现应用环境网络化,应用系统集成化,应用软件智能化的目标,迎接即将到来的 21 世纪的挑战,已提到人们的议事日程上来。

1.3 国内流行 CAD 结构应用软件概览

众所周知,建筑结构设计的计算工作复杂而繁重,绘图工作量很大,其中许多重复性的工作单调而枯燥,但又容不得差错存在。这正是最能体现和发挥 CAD 技术应用价值和威力的领域。建筑结构设计是土建行业较早采用 CAD 技术的专业之一,商品化应用软件的开发相对起步较早,最先取得突破并带动了建筑和各设备专业 CAD 技术的应用。随着微机的推广普及,许多结构设计应用软件就是由熟练掌握计算机技术的结构工程师开发或作为主要开发人员。由于结构设计必须遵循国家或行业技术规范和标准,加之用户的语言习惯,使国产软件具有得天独厚的市场优势。目前国内流行的软件基本上是由我国建筑科研机构、大中型设计院和高等院校自主开发或二次开发后推出的。以 AutoCAD 为图形支撑平台,是我国建筑工程 CAD 软件的主流。受中国这一世界上最大建筑市场所蕴藏的丰厚利润的驱使,近一、两年来出现了一个值得注意的现象,即国外一些大型 CAD 应用软件正通过汉化、采用中国规范等方式,在中国市场上独家或通过代理商推出他们的商品软件。这将给我国应用软件市场带来一种新格局。读者通过表 1-1 所列资料,可了解目前市场上已推出的商品化应用软件的概况。

由表 1-1 可以看出,一部分 CAD 软件功能比较单纯,相当于计算机辅助结构绘图软件,主要用以方便用户完成结构施工图(梁、板、柱、墙等构件的配筋图和模板图等)的绘制。其中大部分具有结构平面设计的功能。其中一些可以通过接口和有关结构设计计算软件接力运行来完成绘图。有一部分软件则主要面向某一类结构类型（如钢结构、底框砖房等）的计算机辅助设计计算，其中一些已具有从计算到绘图、从上部结构到基础的一体化功能。而为数不多的一些开发起步较早的软件，利用资金积累的优势，加大开发力度，已形成大型软件包，具有适用范围广泛、设计功能齐全的一体化优势，从而占据了国内建筑结构CAD技术的主导地位。

  CAD技术只能在创新中求发展，这要求一方面必须跟踪国际计算机技术发展的先进水平，另一方面必须满足国内市场用户的使用需求。应用软件的功能和操作细节都需从设计人员的实际工程使用方便着眼，例如结构建模的数据输入要尽可能的少；操作应灵活方便，既要设计过程的高度自动化，又要便于适时的人工干预；菜单和提示要便于理解，流程要合理；计算结果输出要简洁，数据实现表格化和图形化；施工图绘制排版应灵活实用，构造措施和节点大样应符合工程习惯做法。事实说明，这样的软件才可能受到用户的认可和欢迎，在激烈的市场竞争中占有一席之地。

目前市场上流行的结构设计 CAD 软件概览　　　　　　表 1-1

软件名称	开发单位（厂商）	适用范围（结构类型）	主要功能及特点	备注
PKPM 系列软件	中国建筑科学研究院 PKPM 工程部	框排架、框-剪、砖混及底框砖房等多层与高层建筑（包括钢结构、预应力混凝土结构模块）	建筑、结构、设备集成的大型 CAD 系统	可提供网络版；剪力墙可采用壳元模型；Windows 95 版本
TBSA 系列软件	中国建筑科学研究院 高层建筑技术开发部	多层及高层钢筋混凝土结构（框架、框-剪、剪力墙、筒体等）	上部结构、基础计算、辅助绘图一体化	可提供网络版；剪力墙可采用墙组元或壳元模型
TUS 多层及高层空间结构实用设计系统	清华大学建筑设计研究院	钢筋混凝土框架、剪力墙、框-剪、框筒、筒中筒结构，高层钢结构等	在 AutoCAD 环境下完成模板图、楼板、梁、柱墙配筋图	有小型工程版发行；已出 Windows 95 版本
ABD 系列多层混合结构软件 ABDS v2.0	中国建筑科学研究院 ABD 系列软件工程部	底框（含底二层）、砖砌体、混凝土小砌块、内框、框架以及砌体与钢筋混凝土梁、柱、墙的混合结构	以 AutoCAD R14 为平台、三维模型建模、导荷、计算、绘画一体化。含有交叉梁和筏板基础模块	有配套教学光盘供应
SAP84 微机结构分析通用程序 V5.0	北京大学力学系结构工程软件中心	SAP84 适用于土建、水利、电力、交通、机械、航空、矿冶、铁路、石化等工程部门大型复杂结构的静力和动力分析。如多层和高层建筑、多塔楼高层建筑、具有大开洞、转换层等特殊构造的大型建筑物以及大型网架等	单元库包括：三维框架单元、三维桁架单元、变断面直梁单元、平面曲梁单元、平面单元、三维实体单元、4 节点 24 个自由度的板壳单元和以其为基础的带有细化功能的空间墙单元、管道单元和伪单元。可处理高层建筑中的转换层。对于钢筋混凝土的楼房结构，开发了平面图输出程序和归并选筋及配筋绘制程序	软件环境是 Windows95,98 和 NT

续表

软件名称	开发单位（厂商）	适用范围（结构类型）	主要功能及特点	备注
AutoCAD R14	美国 AUTODESK 公司	作为一个通用的交互式绘图软件，其绘图功能完善，使用方便，是目前国内外广为流行的微机辅助绘图软件。应用范围涉及到机械、电子、土木建筑、航空、汽车制造、造船、石油化工、轻纺、环保等各个领域	具有很强的三维设计、CSG 实体几何造型、真实感模型显示和数据库管理等功能。提供了丰富多样的二次开发接口。版本不断更新，功能日益增强。可在各类微机和工作站及网络上的多种操作系统下工作	新版本 AutoCAD 2000 已发布。全世界注册用户已超过五十万。数千所大学以AutoCAD进行教学
SACB v3.5	中国建筑科学研究院抗震所	底层框架砖房、砌体结构和钢筋混凝土多、高层结构	三维空间静力、动力分析，梁、柱、板和基础配筋施工图自动形成，与AutoCAD接口	
CTAB v1.2	中国建筑科学研究院抗震所、上海铁道大学土建学院和上海建筑设计研究院	规则体型与复杂体型的多高层建筑结构	可进行大底盘多塔结构及上部连体结构、错层结构计算。基于绘图平台上的交互式结构图形数据输入；与其他常用结构计算软件数据共享	
MSTCAD 空间网格结构分析设计软件	浙江大学土木系空间结构研究室	各种大小、形式的空间网格结构	融合前处理、图形处理、优化设计、施工图和机械加工图一体化。全部数据图形交互输入；提供几十种多层网架、单双层球壳、柱面壳等基本网格形式。提供多种用户接口	
3D3S v3.5 空间钢结构杆件系统 CAD 软件	同济大学建筑工程系	门式钢刚架、钢屋架、吊车梁设计计算施工图绘制；任意空间杆系钢结构设计计算	结构建模、内力分析、截面设计优化、后处理、设计报告一体化。与AutoCAD完全接口	软件在 Windows 95 环境下运行
PIEMCAD 高层与多层钢筋混凝土建筑结构平面整体表示方法计算机辅助设计系统	机械工业部设计研究院、山东省建筑设计研究院、机械部第五设计研究院、中国科学院建筑设计院联合研制	适用于任意平面和体型、各类结构体系的高层与多层民用与工业建筑结构	全面采用平面整体设计法，施工图纸表达清楚、准确、全面、易修改。信息全部图形交互输入。多层版配有结构计算程序，实现计算绘图一体化	有多层版、高层版、网络版、以及学习版供应
理正深基坑支护结构设计软件 4.0 版	北京理正软件设计研究所	深基坑支护结构	以建设部行业标准《建筑基坑支护技术规程》(JGJ120－99)为依据。提供土方量、材料用量计算及工程标书。场地土资料的三维分析。适应不同地区的习惯做法	

续表

软件名称	开发单位(厂商)	适用范围(结构类型)	主要功能及特点	备注
天正 Tasd 结构 CAD 软件 v1.2	北京市天正工程软件公司	结构设计绘图软件	与 TBSA 计算程序的简图接口,可以生成模板施工图。建筑平面图接口可与建筑软件连接	在 AutoCAD R12 平台运行
后张预应力混凝土结构配筋计算程序 UP	中国建筑科学研究院建筑结构研究所	高层、多层建筑结构中的无粘结预应力混凝土板类楼盖、密肋板和悬臂板及后张预应力混凝土框架梁、连续梁和悬臂梁	在 DOS 和 Windows 环境下均可运行。计算过程可视化,提供完整、详细的计算结果文本文件和图形文件	
结构设计与绘图软件 STAAD/CHINA V3.0	中国建筑金属结构协会建筑钢结构委员会和阿依艾工程软件有限公司联合推出	门式刚架轻型房屋钢结构设计与绘图,多、高层钢结构建筑分析设计,特殊钢结构建筑分析设计	美国 REI 及其在中国的分公司阿依艾工程软件有限公司与中国建筑金属结构协会建筑钢结构委员会共同按照中国和美国现行的有关钢结构设计规范在中文 Windows 环境下开发的适合于中国结构工程师习惯的结构分析、设计与绘图软件	
SCIA 钢结构一体化软件	德赛公司与欧洲 SCIA 钢结构软件	二维/三维框架、板、壳体、塔架、格构式构件等各种形式的钢结构、混凝土结构、木结构及其组合结构进行分析计算与设计	由结构分析与设计、三维 CAD 制图、集成制造三大模块组成。以杆单元、有限元单元对结构进行线性、非线性、动力、结构整体稳定性分析	流行的 C++、Windows95、NT 环境,AutoCAD 平台,适用于多国规范
广厦建筑结构 CAD 系统 v3.0	广东省建筑设计研究院和深圳致广微电子公司	任意平面和体型、各类结构体系的多高层建筑结构	计算、绘图一体化,一次建模,多个计算接口,施工图表自动生成。实用、方便的异形柱设计配筋	提供多层版、高层版、个人版和授权版
ROBOT97 结构分析集成系统	上海先手公司中国总代理	港口、航道、水利、市政、公路、铁路、桥梁、高架、地铁及一般工业和民用建筑设计	杆单元、曲面单元、索单元、结构库、断面库。动力分析、非线性分析、屈服分析、应力分析。各种钢结构、混凝土结构、复合结构、木结构及铝合金结构等	支持中国规范;中文手册;汉化菜单
结构工程计算机辅助设计软件 TSSD1.0	北京探索者软件技术有限公司	结构平面图设计;绘制梁、柱、剪力墙施工图	参数化绘图,平面标注。与 TBSA 接口生成施工图	以 AUTOCAD 为平台。由结构工程师开发的软件
底框砖混 PF-MACAD	北京建业工程设计软件研究院	全砖混、底层框架砖混结构、全框架、框架剪力墙、框支剪力墙、全剪力墙等各种复杂结构体型	与各种建筑软件接口,可直接用其平面图建模和形成结构模板图。提供多种配筋表示法出图。配备了大量的绘图常用符号和结构施工图节点大样	基于 AutoCAD 环境

注:此表系根据截止至1999年9月的软件使用说明或广告资料整理,仅供参考。各软件版本不断完善更新,读者可以最新软件版本资料为准。

1.4 土建行业CAD发展趋势

今天我们处于高科技不断创新的时代，建筑行业作为经济和社会发展的重要载体，在我国国民经济建设和发展中处于支柱产业地位，用计算机技术改造传统产业是历史发展的必然趋势。展望21世纪，以多媒体、数据库、网络、可视化、虚拟现实等技术为代表的人—计算机交互理论和技术将渗透到土木工程领域的各个方面，使得传统的工作模式、表达方法、思维形式、管理方式都将出现革命化的变化，有力地推动生产力的迅猛发展。加大计算机应用的深度和广度，全面提高计算机应用水平与效益是工程设计现代化赋予这一代土木工程技术人员跨世纪的历史重任。有关部门、专家和有识之士已就目前需要解决的问题和发展趋势发表了具有前瞻性的意见和设想。这对大家学习和应用CAD技术指明了方向，具有重要指导意义。

1.4.1 集成化、协同化、智能化的发展方向

与世界发达国家相比，我国工程设计领域引入CAD技术相对比较晚，但是，随着计算机硬件和软件技术突飞猛进的发展，计算机系统的性能价格比的飞跃提升，和我国经济建设的高速发展及其带来的综合国力的攀升，近几年来，CAD技术在土木建筑设计领域中的发展和普及，已使我国的CAD技术应用水平与发达国家的差距大大缩小。建筑工程从建筑方案设计、结构布置和内力分析、构件截面设计计算、施工图绘制到预算全过程可实现CAD一体化完成。今天，历史给予我们实现中华民族腾飞的新机遇，在集成化、协同化、智能化及其相关技术的研究与开发领域，我们和发达国家面临着相同的发展创新机遇。集成化技术是指在工程设计阶段和各专业的有关应用程序之间，信息提取、交换、共享和处理的集成，即信息流的整体化，将设计的各阶段及涉及的各专业有机的形成一个整体。协同技术是指在集成的基础上，在网络技术的支持下，实现并行工程处理作业。以工程项目为核心，使不同地点的设计专业群体能及时地共享图形库、数据库、材料库及一切上网资源。智能化技术即把具有学习、记忆和推理功能的专家系统运用于CAD系统，使系统的性能得到更大的改善，可靠性进一步提高，灵活性更大，能够适应千变万化的工程设计的实际需要。

1.4.2 当前若干需要开展的工作

CAD技术运用于工程设计有着传统手工设计无法比拟的优越性，它能降低劳动强度，提高设计质量，缩短设计周期，有效避免手工设计中存在的"错、碰、漏、缺"现象。采用CAD技术能方便实现项目投标、方案优化、数值计算、施工图设计绘制、工程造价预算等一系列服务，从而降低工程造价、节省投资、提高设计质量、提高生产效益。但是尽管计算机能做很多人不能做的事情，但它并不能完全取代人脑。CAD技术运用于工程设计并不能杜绝设计事故的发生。有识之士早已就此问题发出警告，有关行业主管部门也开始注意解决这一问题，已开始着手开展下面几项工作：

1. 加强软件市场的管理，规范市场行为，促进软件产业的形成

为使工程勘察设计行业CAD应用健康、有序地发展，要规范市场，要保证应用软件自身的质量与水平，还要确保工程安全可靠，又要防止浪费和保守，行业将实行软件的评测、审定和登记准入制度。首先是对在工程设计某些环节中，有可能直接造成质量问题的工程力学分析计算软件，先进行评测。这项工作已经启动。经审定合格的软件在全国、全行业

发布，让用户用得放心。这样既起到净化市场、规范市场的作用，又提高了软件开发单位的知名度，以促使他们投入更大的力量进行新版本的完善、服务，开发出更优秀的软件。大力提倡使用正版软件，维护法律，保护知识产权和版权所有者的利益，推动行业软件产业化的进程。

2. 软件企业导入 ISO9000

ISO（国际标准化组织）9000 标准提供了科学的质量管理和质量保证机制，它提供的基本原理、基本思想和基本方法适用于所有的工业领域，包括软件产品开发。现在不少软件企业的管理水平远远落后于技术水平，造成了不少软件质量问题。现在不少软件企业已认识到这个薄弱环节，纷纷按 ISO9000 标准建立起软件开发质量保证体系，加强质量管理，争取 ISO9000 质量认证已成为国产软件企业发展的必由之路。

3. 制定工程设计 CAD 标准体系

目前，设计各专业之间数据交换的技术标准不统一，图形存储格式不统一，影响了使用效率。有必要使软件开发单位都能在同一标准下开发软件，这是集成化的基本要求。我国建筑行业的软件开发一般都能按照各专业相关的标准规范和工程经验参数来开发 CAD 软件，然而由于我国尚未制定有关建筑业软件标准体系，特别是数据交换标准，开发商往往自行规定采用数据交换格式、术语、符号、编码等，造成不同的软件很难集成。目前国内建筑业集成化软件系列往往是一家开发商自己的不同专业的软件产品集成，要进行建设全过程（勘察、规划、设计、施工等）或不同专业（建筑、结构、给排水、电气、采暖通风和概预算等专业）之间软件产品集成，缺乏统一的标准是无法实现的。国家质量技术监督局即将颁布的"CAD 通用技术规范"中制定了 CAD 标准体系表，将成为我国建筑业 CAD 软件开发与应用的指导性标准，目前有关部分的标准正在制定之中。

4. 发挥行业主管部门的指导作用

为了贯彻工程勘察设计 2000 年 CAD 技术发展规划纲要，进一步提高 CAD 技术在工程勘察设计领域的应用水平，促进勘察设计行业的技术进步，建设部批准成立"建设部工程勘察设计 CAD 推广应用中心"。该中心受建设部勘察设计司指导和监督。以协助政府主管部门推广 CAD 技术应用和为勘察设计单位做好技术咨询服务为宗旨。中心的主要工作内容是：

（1）组织开发基础性通用软件，开展应用软件测评工作，提高行业的 CAD 应用水平；

（2）培育和完善勘察设计软件市场，加速软件产业化进程，推广优秀应用软件，加强软件正版化和知识产权保护工作；

（3）指导和协调行业的 CAD 应用并进行咨询服务和人才培训工作；

（4）具体负责 CAD 应用工程示范和甩图板示范单位的实施；

（5）协助政府主管部门开展智能建筑设计有关推动工作；

（6）进行国内外的技术信息交流和服务工作；

（7）受政府主管部门的委托制定行业的 CAD 技术标准、发展规划，及政府委托的其他有关业务。

5. 实现软件模块化，一次建模，接力运行，一条龙完成

工程设计 CAD 技术发展到现在，实现数据集成、系统集成已成必然趋势。现代 CAD 技术要求采用开放式数据库，开放式数据接口，标准化数据结构，做到信息提取、交换、共

享和处理的集成,不仅仅建立本专业内部工程数据库,还要建立各专业共享数据库,构建多专业集成化一体化软件系统,实现以人为中心的寻求最优设计,大大提高建筑工程设计效率;实现后续专业从"龙头"专业(建筑专业)提取图形和数据,数据共享,减少冗余;实现各专业间数据双向传输、联动修改;实现各专业错漏碰断检查和工程量自动统计计算。

6. 网络化、多媒体化是 CAD 软件的发展趋势

如今,计算机应用已进入以网络为中心的时代,联本单位局域网,上国际互联网,应用多媒体技术已成为各行业计算机应用的发展潮流,这给建筑 CAD 带来了新的动力和课题。实现网络化,不仅可以做到软硬件共享、数据共享,而且会给设计工作方式带来新的变革,设计人员将告别传统的办公模式,可以不受地点、时间的限制,通过计算机网络和一体化集成 CAD 软件的双向传输功能,可以实现同专业多人并行协同设计,各专业工种并行协同设计。通过互联网,甚至可以实现跨地区、跨国家的联合设计。网络设计院将成为一种现实。

第2章 CAD系统构成简介

电子计算机又称电脑,是20世纪科学技术的卓越成就。如果说蒸汽机的发明标志着机器代替人类体力劳动的开端,那么电子计算机的应用则把人类从简单枯燥的重复性脑力劳动中解放出来,从而能够有更多的时间和精力投入更具创造性的脑力劳动中去。

我们知道,进行建筑结构计算机辅助设计,是在CAD系统的支持下方能实现。一个完整的CAD系统是由硬件系统(Hardware System)和软件系统(Software System)共同构成的,其基本结构组成可以用图2-1加以表示。硬件系统主要由电子计算机及其外围设备组成,它是计算机辅助设计技术的物质基础;软件系统是计算机辅助设计技术的核心,它决定了系统所具有的功能。一个CAD系统能否取得成功基本取决于硬件系统的性能和软件系统的功能是否完善,更重要的是两者完美的有机结合。了解和掌握计算机辅助设计技术,以及研究和开发计算机辅助设计系统,必须具备一定的硬件和软件知识。由于CAD系统比普通的计算机系统有其特殊性,在某些方面提出了较高的要求,也由于计算机技术发展日新月异,这里对CAD系统的构成作一简单的介绍。这将有利于读者学习CAD技术并进行实际应用,也便于已具备一般计算机知识的读者了解参考。

2.1 计算机及网络概述

世界上第一台电子计算机"ENIAC"(Electronic Numerical Integrator and Calculator)于1946年诞生在美国,它用了一万八千多个电子管,重30t,占地170m^2,每小时耗电140度,运算速度达5000次/s。研制它的目的是为国防服务,主要用于处理在实验中收集到的大量的有关弹道的数据。

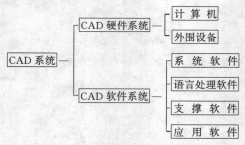

图2-1 CAD系统的基本构成

第一代计算机(1946～1958):以电子管为逻辑元件,开始出现汇编语言,主要用于科学和工程计算,运算速度达几万次/s。

第二代计算机(1958～1964):以晶体管为逻辑元件,开始出现高级语言和操作系统,并开始用于事务处理和过程控制,运算速度达几百万次/s。

第三代计算机(1964～1971):以集成电路为逻辑元件,出现半导体存储器,操作系统得到迅速发展和普及,出现了多种高级语言,广泛用于工业控制、数据处理和科学计算等各个领域,运算速度达几千万次/s。

第四代计算机(1971~1980):以大规模集成电路为逻辑元件和内存储器。由于运算器和控制器可以做在一块半导体芯片上,这就出现了微处理器(CPU)以及以它为核心构成的微型计算机,其运算速度达几亿次/s。

第五代计算机(1980~):采用超大规模集成电路为逻辑元件和内存储器,其运算速度达几十亿次/s。真正的第五代计算机将像人一样能听、能看、能说、能思考,即是智能化的计算机。

计算机由五部分组成,包括输入设备、运算器、控制器、存储器和输出设备。运算器、控制器、存储器合在一起就相当于人类大脑的功能;输入设备就像人的眼睛、耳朵、皮肤等能够收集外界信息的器官;输出设备则像人们能说话的嘴、能写字的手。下面是他们在电脑中具体负责的任务:

运算器:用来进行加、减、乘、除等算术运算和逻辑运算。

存储器:具有记忆功能,用来存储原始数据、计算步骤、中间结果和最终结果,即存储数据、程序等各种信息。

控制器:控制计算机各组成部分,按预先规定的计算步骤(事先编好的程序)自动地进行工作,如控制运算器进行运算,控制运算器、存储器之间数据信息的交换,控制输入、输出设备的工作等。

输入设备:将原始数据,解题程序送入计算机中保存起来,以便进行运算加工。如键盘、鼠标、电子笔、扫描仪等。

输出设备:将计算结果或其他人们所需要的信息从计算机中传送出来,譬如,将处理结果通过显示器显示出来;用打印机把计算结果打印在纸上。显示器、打印机、绘图仪等都属于输出设备。

计算机根据它的外观大小以及所能完成工作的复杂程度分为巨型机(超级电脑)、大型机、小型机和微型计算机。超级电脑能够控制卫星的发射和运行;可以分析预测天气变化,体积可有一个房间那么大。目前我们常见的,与我们打交道最多的是微型计算机(简称微机),它甚至已广泛进入了家庭生活,可帮我们做日常的简单工作,如文字处理、简单的数学运算、统计;多媒体电脑还能听CD唱盘、看VCD影碟。

如今网络化的信息时代已悄然走进人类社会生活的各个方面,同样也影响着计算机辅助设计技术的发展方向。为方便读者,下面我们顺便对计算机网络技术加以简单介绍。

1. 历史起源

所谓计算机网络,就是用电缆线(光缆)把若干计算机联起来,再配以适当的软件和硬件,以达到计算机之间交流信息的目的。一个单位或区域内部的网络,也称为局域网。

因特网,又叫国际互联网,英文是Internet。它最早是美国国防部为支持国防研究项目而在1960年建立的一个试验网。它把许多大学和研究机构的计算机连接到一起,这样,研究人员就可以通过这个试验网随时进行交流,而不必再频繁地聚在一起开会讨论问题了。同时,由于各地的数据、程序和信息能够在网上实现资源共享,从而最大限度地发挥各地资源,这无疑极大地提高了工作效率,也大大地降低了工作成本。

2. 因特网的发展

20世纪70年代末,计算机远距离通讯需求开始出现,于是针对性的研究开始实施并最终在技术上得以实现,越来越多的、更广范围的计算机可以联接在一起,充分体验到这一全新通讯方式的优点。1983年,因特网已开始从实验型向实用型转变。随着对商业化使用政策的放宽,因特网已经不仅仅局限于信息的传递,网上信息服务出现了。许多机构、公司、个人将搜集到的信息放到因特网上,提供信息查询和信息浏览服务。我们把提供信息来源的地方称为"网站",即因特网上的信息站点。凡是连入因特网的用户,无论在世界任何地方、任何时刻,都可以从网站上获取所需的信息和服务。可以说,此时的因特网才真正发挥它的巨大作用,也正是从这时起,因特网吸引了越来越多的机构、团体和用户,这个网也随之越来越庞大了。

3. 因特网现状

进入90年代,日益加快的现代社会的节奏,伴随着高性能的计算机走进普通家庭,因特网也进入了飞速发展时期。目前,全世界已有两亿多用户连入因特网。我国在1994年正式接入因特网之后,已形成4个主要干道进入因特网,他们是:中国公用计算机互联网(CHINANET)、中国教育和科研计算机网(CERNET)、中国科技网(CSTNET)和中国金桥信息网(CHINAGBN),目前,中国联通和铁路信息网也正在加入其中。

因为因特网起源于美国,最初网上几乎全都是英文信息,随着中国的加入,为华人服务的中文网站出现了,大量中文网站的涌现最终吸引了越来越多的普通用户走进因特网的世界。据中国互联网络信息中心的最新统计数字表明,截至1998年12月31日,我国上网用户达到210万,而到1999年上半年,我国上网用户数达到了400万,半年内就增加了接近一倍。如果互联网用户继续以半年一倍的速度增长,会出现怎样的前景呢?据有关专家预测,到2000年,中国上网用户就会达到1000万。到2010年,将达2.8亿;

人们从因特网上不仅获取了大量的信息,更重要的是,因特网已经深入到人们的工作和生活的各个角落,我们正在步入一个因特网的新时代,在这里,你会发现,世界正在变得越来越小。

从系统结构上看,计算机辅助设计系统过去大致可分为三大类,即单机式系统、集中式系统和工作站网络系统。单机式系统也即微机CAD系统,其价格低廉,单用户使用,灵活方便,但处理能力较弱。集中式系统一般指的是使用一台大中型计算机,多个用户可在它的多个终端上进行工作,资源可共享。工作站网络系统则能更灵活、更有效地利用各类计算机及外部设备的资源。目前,随着计算机硬件性能的飞跃和网络技术的普遍使用,这样的划分已无太大意义。本书主要讨论的是微机CAD技术,这样的微机CAD系统既可以单独工作,也可以通过网络与其他计算机进行通信,共享资源。这也是目前的发展趋势。

2.2 CAD硬件系统及其要求

硬件是指计算机的物理组成部件,通常包括有主机、输入设备、输出设备、外部存储设备、人机交互设备、通讯设备等有形部件。图2-2表示了常见的微机CAD系统中硬件系统的构成。下面逐一加以说明。

1. 主机

打开微机的主机箱(通常为立式或卧式机箱),可以看到一矩形的带有多个插槽的印刷电路板（主板），其上安装有CPU（Central Processing Unit，中央处理器）和内存条（主存储器），即主机。它们相当于微机的心脏和大脑。它们控制并指挥整个系统完成实际运算和逻辑分析等工作，其性能的高低决定了整个计算机系统的档次。CPU的型号决定了它的主要性能和运算速度。常见的主要CPU的型号从286，386，486，直到今天的奔腾（Pentium）、赛扬（Celeron）。目前，Intel公司的奔腾III微电脑CPU芯片已成为个人计算机的首选。Intel公司的微电脑CPU芯片在市场上占有80%的份额，但也受到其他厂商产品越来越强的竞争压力。如，AMD公司的K6和K7芯片，Cyrix和IBM公司的6x86系列芯片，以及后起之秀IDT公司的WinChip芯片的有力挑战。下一代64位CPU，如Intel公司的Merced，不久也将推向市场。内存是计算机的主要存储设备，但它只有临时存储数据的功能，在计算机工作时存放运算所需的信息，关机后数据全部消失。内存容量越大，计算机的运行性能和速度越佳。往主板扩展槽上添插内存条即可扩大内存容量。CAD系统应尽可能选用高档CPU和大容量内存的主机。计算机的其他组成部分则通过各种各样的方式连接在主板上，构成完整的计算机系统。

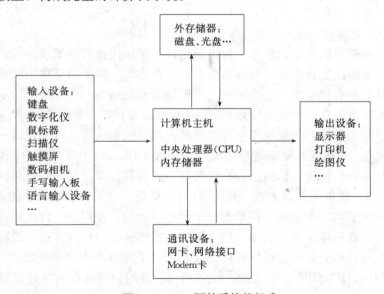

图2-2　CAD硬件系统的组成

2. 外围设备

计算机主机箱外部与之相连的设备或部件可称为外围设备（或外部设备），它们的种类和规格型号很多，下面就微机CAD系统中常用的外围设备加以简单介绍。

（1）输入设备

1）键盘

键盘（Keyboard）是一种最基本的输入设备，常称为标准输入设备。它是由一组按一定规律排列装配在一起的按键开关组成的。过去常用的键盘有101个或102个按键，按作用可分为三组：字符键、功能键、控制键。字符键中包括数字、字母、符号键，标准键盘沿用的是上个世纪出现的机械式打字机键盘的布局。近年来，更为常用的是有104个或105个按键的专为WINDOWS系统设计的键盘。最近，计算机生产厂商为提高产品竞争力，又推出各具特色的符合人体工学原理的多种新型功能键盘。新式的无线遥控键盘除可用于向计算机输入命令和数据外，也可以进行图形处理，并通过功能键、控制键发布命令，对屏幕和程序进行控制，使用十分方便，但目前价格十分昂贵。

2）鼠标（Mouse）

鼠标是一种手持式控制屏幕光标移动和定位的装置。由于其外形加上细长的连线形似老鼠，故称之为鼠标器。鼠标的外形多样，按键数不同又有两键与三键之分。但按其工作原理可分为机械式、光电式两种主要类型，可从鼠标底部是滚动小圆球还是光电管加以识别。光电式鼠标性能较佳，但价格稍贵，且需特制的光电垫板配合工作。当鼠标器在平面上移动和按下按键时，传感元件会把当时光标的位置和按键次数等信息传授给计算机，控制计算机作出相应的反应。由于鼠标器是一种经济、方便、有效的交互式输入装置，最适宜于用作图形指示、定位和选择的装置，自从WINDOWS流行以来，鼠标器的作用愈发显得重要，现已成为微机系统必不可少的基本配置设备。鼠标器一般通过串行口与计算机主板相连接，由驱动程序控制其与主机的信息交流。近来，一些新型鼠标器开始在市场上露面，例如INTERNET滚轮鼠标器、无线鼠标器等，它们更加方便了用户对计算机进行操作，但价格也相应较贵。

3）数字化仪（Digitizer）

数字化仪也称图形输入板，它由一块矩形平板和指示位置的触笔或游标器所组成，用来精确输入图形坐标或选择特定的控制命令。平板相当于一个平面直角坐标系，其上每一点在图形显示器上都有相应的点与之对应。当游标器移动到某一点且按下拾取键时，即把该点坐标值送入主机内进行相应的处理。数字化仪的主要技术参数有分辨率、有效幅面等。它的精度以分辨率来衡量。一般来说分辨率越高，其精度也越高。数字化仪一般也是通过串行口与主板连接，也需运行驱动程序才能使之正确工作。在CAD系统中，往往处理的图形较多又比较复杂，其位置坐标的输入非常繁杂，还容易出错，使用数字化仪可大大简化这一项工作。另外，借助图形输入板，可实现CAD系统中常用的台板菜单的工作方式。台板菜单即是在平板上用字符或图形符号表示出特定的命令，使用户一目了然，可用指示器指点菜单项而向计算机输入命令选项，完成相应的操作。但图形输入板一般较大，由于图形显示器与输入设备相分离，在进行人机交互输入时手眼协调的效率较低。目前，国内土建微机CAD系统较少采用图形输入板，而是利用软件的屏幕菜单功能通过鼠标器或键盘来完成输入任务。

4）扫描仪（Scanner）

扫描仪是比较新型的自动图文输入装置，它相当于计算机的眼睛，可快速、高精度地将已有的图像、图纸资料输入到计算机内。并通过专门的图像数据处理软件进行各种处理，对于字符还可由文字识别技术（OCR）软件进行识别，转换为文本格式便于编辑处理。这是一种集光、电、机一体化的高科技产品，有手持式、平板式等多种类型。其工作原理是光源发出的光线通过不透明原稿或透明原稿进入一个耦合光敏元件或CCD接光采样点，并将每个采样点的光波转换成一系列电压脉冲，再由模拟数字转换器将电压脉冲信号转换成计算机能识别的信号。控制扫描仪的扫描软件读入这些数据形成图像文件。在建筑结构CAD系统中，对于作为设计依据的建筑方案图和设计图的输入、建立图形库和图像处理及识别来说，图形扫描仪是极有用的工具。扫描仪的性能可由分辨率、解析度、扫描速度等指标来衡量。目前，小幅面（A4）彩色扫描仪的价格已经相当低廉，甚至在普通家庭也得到越来越广泛应用。但是适用于 CAD 系统的大幅面扫描仪尚有待于普及。

5）触摸屏

触摸屏是一种利用摸感新技术制成的屏幕，即是能对用户的手指在显示器某一位置的接触及运动做出响应的装置。它可以使操作者把注意力全部集中在屏幕上，并且在屏幕上直接指出位置，而不是将光标移动到所要求的位置上。现在触摸屏技术正处在被广泛采用的上升阶段，采用不同技术原理的触摸屏装置正不断推出。触摸屏既是计算机的输入设备，又是输出设备，用户输入与显示输出直接对应，从而保证了用户操作时手眼的直接协调。由于只需改变屏幕显示的内容就能引导用户完成一系列输入操作，因此大大减轻了用户的记忆负担。但是，触摸屏的分辨率有限，不适合用来选择屏幕上较小的对象，用其输入数据的效率也远不及用键盘输入。而且，用户长时间手臂运动也容易疲劳。因此，触摸屏装置近年来在商店、银行证券行业、旅游、图书馆等行业应用较多，在土建 CAD 系统中较少采用。其他常见的手动图形输入装置还有光笔、追踪球和操纵杆等，在土建 CAD 系统中也较少采用。随着高新技术的发展，近来还出现了一些新的输入装置和技术，如数码相机、摄像机等视频输入技术，令人耳目一新。数码相机是一种新型的图像获取设备，它在拍摄照片时，不通过胶卷成像，而是直接将拍到的图像转化为数字信号，存储在自己的储存卡中，然后输入到电脑中。目前数码相机的价格较高，效果也比普通光学相机胶卷稍差点。

此外，对于文字、数据信息输入来说，手写板文字输入识别和语音输入识别技术（IBM 公司的高新技术）也开始得到应用。它们在土建 CAD 系统中应用将改变传统的输入方式，值得注意。

（2）输出设备

1）图形显示器

图形显示器是 CAD 系统中最基本的交互输出设备。目前常见的图形显示器按成像技术可分为阴极射线管（CRT）显像和液晶显示成像两大类。CRT 类似于电视机显像管，通常由电子枪、荧光屏和玻璃外壳三大部分组成。早期的随机扫描式和存储管式，以及现在广泛使用的光栅扫描式图形显示器都是基于 CRT 原理的。显示器的显示清晰度、色彩等都影响使用者的工作效率和情绪。为 CAD 系统选择显示器时，我们不仅要考虑显示器的物理尺寸，也要考虑它的点间距、分辨率、扫描速率等技术指标。图形显示器还需有互相匹配的显示适配卡的支持才能产生最佳显示效果。显示卡是负责向显示器输出显示信号的，显示卡的性能决定了显示器所能显示的颜色数和图像的清晰度。它通过信号线控制显示屏上的字符及图形的输出。图形显示器的清晰度是由点间距与分辨率共同决定的。点间距指的是屏幕上两个相邻象素点中心的距离，现代 CRT 技术已可将点间距做到 0.28mm、0.26mm、或更小。分辨率指的是屏幕上水平与竖直方向上所显示的点数，主要是显示适配卡的工作性能指标，是由显示卡发出的图像信号决定的。CAD 系统中的图形显示器应选择 800×600、1024×768 或更高分辨率。分辨率越高，图像清晰度越好。在相同的分辨率下，点间距越小，图像越清晰。目前市场上的微机大多配置是 14 或 15in 显示器，这里的尺寸指的是显示屏幕对角线的长度。调谐方式正从旋钮式调谐转向调谐按钮（数字调谐）方式，可以方便地调节亮度、对比度以及显示画面的横、竖向幅度及偏转度。对于 CAD 系统，配置 1024×768 或更高分辨率，至少有 75Hz 的逐行刷新频率，点距不超过 0.28mm 的彩色大屏幕（如，17、19、或 21in）显示器将是明智的选择。另外，为了健康和安全，还应选择符合国际安全认证及低辐射显示器。

液晶显示器 LCD 是根据液态晶体的电光效应原理制成的。新型薄膜晶体管(TFT)有源矩阵 LCD 在节约电力、节省空间、符合人体工程学设计等方面具有独到的优势,在显示器性能方面,无论是分辨率、对比度、全真彩色显示能力还是屏幕尺寸,都已接近 CRT 显示器水平。由于 TFT—LCD 可以做得很小,也可以做得很大,而且拥有 CRT 无法比拟的真平面和先天超薄的优势,它可以用于各种图形、图像、高清晰度电视、投影电视等彩色显示。它的显示色彩柔和、无闪烁、无软 X 射线,无疑非常适合 CAD 系统使用。目前,尽管 CRT 显示器还拥有价格上的优势,但 TFT—LCD 将成为 21 世纪最有发展前景的显示器件。

2) 打印机

打印机是计算机系统常规的文本输出设备,也可用做图形输出。随着科技进步,目前打击式打印机(如针式打印机)除了在一些特殊场合(如打印票据)还得到使用外,已基本上被新型的非打击式打印机所取代(如激光打印机、喷墨打印机等)。用于 CAD 系统的打印机应考虑打印幅面、打印速度、打印质量等因素,另外也需顾及价格和打印成本等因素。激光打印机原理较复杂,综合了复印机、激光技术,通过硒鼓曝光,把墨粉压到打印纸上,经加热定型产生文字和图像。激光打印机打印速度快、工作无噪声,打印出的文字、符号、图形清晰美观。缺点是所输出的图幅一般较小(最常见的为 A4 幅面大小),且打印机本身价格较贵,特别是彩色激光宽幅打印机目前的价格还难以被普遍接受。但就耗材而言,一般激光打印机的单张打印成本是相当经济的。

喷墨打印机工作方式有点类似于点阵式(针式)打印机,它是用极细的墨水喷头代替打印头,将墨水微滴喷到纸上形成文字和图像。喷墨打印机体积小、重量轻、工作噪声小,但打印速度较慢,对纸张质量要求高。虽然喷墨打印机本身价格相当便宜,但由于进口耗材(墨盒和墨水,以及专用打印纸)太贵,所以单张打印成本仍居高不下。目前喷墨打印机市场主要为 EPSON、CANON 和 HP 三家公司的产品所占领,他们利用各自的技术优势,不断开发推出高科技新产品,使喷墨打印机性能价格比不断上升,呈现出强劲的市场竞争力。现在有些新型号的喷墨打印机在普通纸上也能打印出较高质量的图形文字。如 EPSON 1520K 喷墨打印机分辨率可达到 1440DPI(每英寸点数),打印幅面可达 A2,既可打印普通图纸,也可在在专用纸上打印出精美的建筑渲染图来,成为微机 CAD 系统的较经济实用的可选配置。此外,还有喷蜡式打印机、热升华式打印机,打印效果最好,非常接近照片效果,但目前价格太贵,较少使用。

3) 绘图仪

绘图仪的规格品种较多,早期最常见的是笔式绘图仪,它采用与普通手写用笔相似结构的绘图笔,通过驱动电机与传动机构使画笔与图纸相对移动,并配合抬笔和落笔绘制出图形或字符来。笔式绘图仪分为常见的两种结构型式:平板式与滚筒式。平板式绘图仪外形像一个长方形桌面,绘图纸平铺在平板上保持静止,传动机构驱动笔架运动来绘图,动作与人工绘图很相似。这种绘图仪体积大,占空间,显得笨重。滚筒式绘图仪则相对比较轻巧,占地少,绘图纸卷在滚筒上,通过传动机构驱使滚筒往复转动并使笔架来回横向移动,抬笔与落笔间即完成图纸绘制。笔式绘图仪有单笔和多笔(四至八支笔)不同型号,通过换笔可绘出需要的线型与颜色。目前笔式绘图仪正逐渐被采用新技术的先进绘图仪所淘汰,目前常用的是喷墨和激光绘图仪,它们的工作原理和相应的打印机相同,只是用来绘制出大幅面（最大可达 A0 规格尺寸）的工程图纸，其绘图速度、绘图精度和质量都大大优于老式的笔式绘图仪。但是现阶段大幅面的彩色高分辨率的绘图仪价格仍然相当昂贵。目前最先进的工程绘图、复印、扫描一体机，其基本功能为一套大型网络绘图机，是模块式宽幅复制系统，拥有高速输入、输出、缩放、编辑、图档管理的一体化功能，集模拟复印、数字式打印及文件扫描功能于一身，已成为 CAD 系统进入数字化时代的技术推动力。近来荷兰奥西（OCE）及日本奇普（KIP）产品等已开始进入中国市场。

(3) 外部存储器

外部存储器简称外存，它作为内存的辅助装置，用来存放暂时不用而又需长期保存的程序和数据，需要时可通过输入/输出操作，批量地调入内存供 CPU 使用，外存容量很大，价格便宜，但存取速度比内存慢得多。CAD 系统在工作中要进行大量图形、数据、文字的信息处理，尤其是图形在系统内还要转化为数据和字符形式的几何信息和属性信息，所以系统对存储设备的要求很高，一是存储量要大；二是存取速度要快。目前在微机 CAD 系统中最常用的存储设备是磁盘和光盘。

1) 磁盘

磁盘是在早期的磁鼓和磁带的基础上发展起来的。它采用随机存储方式，具有容量大、存取速度快的优点，因而被普遍用作计算机系统的外存。它也是 CAD 系统的主要外存设备，以支持系统频繁、随机的数据访问。在过去的几年中，磁盘存储器技术的发展速度相当惊人，存储容量不断成倍增长，存取速度也不断提高，具有更高性能的产品不断被推向市场。下面就微机 CAD 系统中最常用的软盘和硬盘这两种类型的磁盘存储设备加以简单介绍：

A. 软盘（Floppy Disk）

软盘是在软质基材上涂上磁性涂层作为存储介质而成的，通过软盘驱动器对其进行数据存储操作。微机上使用过的软盘有两种尺寸规格品种，即 5.25 和 3.5in 两种直径。从 1997 年起，主流微机仅配置 3.5in 软盘驱动器。由于 3.5in 高密度软盘体积小、容量较大（1.44MB），使用方便，仍将流行一段时间。目前国际市场上已出现新型大容量的软盘产品，主要有两种：一是 Imation 公司的 120MB 软盘 LS—120，另一是 Iomega 公司的 100MB（最新为 250MB）软盘 Zip。LS—120 软盘采用的是激光伺服技术。它的一个优点是这种驱动器不仅能够对特别设计的 120MB 软盘进行读写，而且同时还能对标准的 3.5in1.44MB 软盘进行读写。Zip 产品采用悬浮技术，速度较 LS—120 要快，但驱动器不向下兼容，即不能对 3.5in1.44MB 软盘进行读写。

B. 硬盘（Hard Disk）

硬盘是采用硬质磁合金盘片作为存储介质，传统的硬盘（现也称固定硬盘）的盘片与记录头均封装在密闭容器内，使得硬盘不易划损和受污染，其可靠性比软盘高得多，且读写速度也比软盘快得多，硬盘常以兆字节（MB，一百万字节）和千兆字节（GB，十亿字节）为单位，市场上常见的微机硬盘多为 1GB～13GB，现在小容量的硬盘正逐渐被淘汰，不少产品已基本停产。当前的主流硬盘为 4.3GB，随着硬盘生产成本的下降，以后会很快向更大容量的产品过渡。当前主要的硬盘生产厂家有昆腾、希捷、迈拓和 IBM 公司等，最近 Seagate 公司已推出 28G 的大容量硬盘上市。

C. 活动硬盘

固定硬盘为计算机提供了大容量的存储能力，但是其盘片无法更换，存储的信息不便于携带和交换。软盘虽提供了可更换的存储介质，但软盘的容量毕竟有限，远远不能满足现代信息膨胀的需求。很多专家都认为1.44MB软盘终究会被淘汰。用户需要大容量、可读/写、可移动的存储设备。最近市场上出现了新型的活动硬盘，它具有固定硬盘的基础技术特征，速度快，容量达到230MB到4.7GB。其盘片和软盘一样，是可以从驱动器中取出，进行更换，存储介质是盘片中的磁合金碟片。目前世界上主要有两家活动硬盘生产产商，美国的SyQuest公司和Iomega公司。SyQuest公司生产的3.5in1GB的SparQ活动硬盘大小同3.5in软盘，只不过厚度是它的三倍。它可以拷贝和快速交换大型文件、数据备份、存储Internet下载文件，甚至可以直接从活动硬盘上运行应用程序。

活动硬盘继承了软盘体积小、重量轻、便于携带及数据交换的优点；通过不断更换盘片，可以使容量空间不受限制，活动硬盘使用方便，既可内置又可外接于主机，安装简易，即插即用，既可作为主盘单独使用，也可作为从盘与其他硬盘一起工作。由于活动硬盘的盘片可以取出保存，可以保证用户的数据安全和保密。再加上读写速度快和高可靠性，将有可能取代软盘成为微机CAD系统的必配设备。

2）光盘

光盘（CD—ROM，Compact Disc— Read Only Memory 的缩写，意为"密集盘—只读存储器"）是采用激光技术实现的一种新型存储介质。它是从音频CD发展而来的，它的存储容量很大，一张直径120mm的薄片，标准容量高达635 MB，实际有效容量也达530MB，大约相当于5万页的文字资料。非常适合存储图形、图像、声音等数字化信息。作为一种新型存储介质，它以体积小、便于携带、安全性强、兼容性好、读取设备广泛而倍受用户的欢迎，是目前传输数据最广的介质之一。读取CD—ROM中信息的装置叫做CD—ROM驱动器（光驱），标准CD—ROM数据输出速度为每秒150千字节（KB/s），即单速光驱速度，目前市场上流行的已是36倍速以上的光驱。CD—ROM是用激光束在聚合塑料片上烧出凹凸槽后，在上面覆上一个铝膜层以反射光束，铝膜层上再覆上一层透光保护层，防止铝膜层破损生锈。读盘时，驱动器上的激光头将光束聚集在铝膜反射层上，随着盘片旋转，反射光强度随凹槽和凸起而变化，从而读取出按二进制编码的数据信息。CD—ROM只能读出制作厂商出厂时写入的信息，而无法存入用户的数据。目前用户可以使用光盘刻录机往空白光盘上写入需要永久保存的数据资料。像磁盘一样可进行重复读写的光盘无疑受用户的欢迎。现在市场上已有可进行有限次（1000次左右）重写的可擦写CD—RW光盘。CD—RW光盘是采用相变合金盘片作为存储介质，其工作原理是通过不同频率的激光照射记录媒体，在高反射晶态和低反射晶态之间改变记录媒体的相，来写入数据或擦除已有的数据。CD—RW光盘容量同CD—ROM一样，并可在CD—ROM驱动器上读取数据，但是CD—RW目前在市场上普及的不利因素在于刻录速度较慢、操作复杂等。

当前DVD（Digital Versatile Disc，数字通用盘片）光盘技术发展已趋成熟，可能成为未来最流行的存储器技术，DVD—RAM作为可读写的存储设备至今没有一个产业标准出台，技术上的兼容性问题尚有待解决，并且现有的DVD—RAM驱动器及其盘片的价格相当昂贵。

磁光盘（MO）也是一种新的可移动可读写存储技术。MO的记录介质是夹在透明聚碳酸酯或玻璃之间的一层磁合金,利用激光和强磁场同时作用于记录介质来实现数据存取。介质的不同磁化方向表示"0"或"1"。MO 的规格有 3.5in 和 5.25in 两种,容量从 128MB 到 4.6GB。目前流行的是 3.5in650MB 的 MO,因为它已有一个行业规范,各厂家产品一般都能兼容。MO 驱动器的主要缺点是其写入速度比读取速度低 50%,一般为 2MB/s,并且驱动器的价格高。

(4) 通讯设备

Modem 卡,Modem 是英文 Modulator—Demodulator 的简写,翻译为调制解调器。它是电脑通过电话线收发传真、Email,上 Internet 的必需设备。它的工作原理可简单地概括为两个字:收、发。发送时 Modem 将计算机送来的二进制的数字信号转换成模拟信号通过电话网传输出去(即所谓的调制),接收时 Modem 将电话网传输来的"已调制"的信号转换成数字信号提供给计算机(即所谓的解调)。通过调制与解调就可以在遥远的两地之间形成一种数据信息交换的联系。因为在计算机或其他终端设备中存储的是二进制的数字信号,而电话网上仅能够传送窄带的模拟信号,通过 Modem 就可以轻易实现文件、图像等各种格式的数据接收或发送。

我们常见的 Modem 可分为内置与外置两种。内置的 Modem 用自带的 COM 口通过计算机的 ISA 或 PCI 扩展槽进行工作。外置的 Modem 除需要独立的电源变压器供电外,还需一根 RS232 电缆与微机的 COM 口相连,外置 Modem 通常在面板上还有一排指示灯,用来显示 Modem 的工作状态。

现在的 Modem 一般都是集数据/传真/语音为一体的。在数据的传输过程中加入数据压缩以及数据纠错技术使得数据传输得更快、准、可靠。通过 Modem 的传真功能使得无纸传真成为现实,实现了真正的"绿色环保"。语音功能更使您的计算机成为录音电话,还可使语音与数据同时传送,您可以在网上一边聊天一边下载自己的软件。

传输速度是 Modem 的最重要指标。速度越快,传递数据花费的时间越少,费用也就越低。一般有 28.8K,36.6K 和 56K 的 Modem,单位是 bps,即每秒传出的信息位数(8 位等于一个字节)。过去曾认为 33.6 kbps 是现有模拟电话线路的传输极限,但这是指电信部门与用户均采用模拟线路下的情况。由于现在电信部门已经用数字线路的连接替换掉了原有的大部分模拟设备。因而拨号 Modem 的最快速率也由原有的 33.6kbps 提高到了 56kbps。1998 年制定了 56kbps 数据传输的新标准:V.90。通过 V.90 标准可以使拨号用户再也不必担心兼容性的问题,可在标准公用电话交换网(PSTN)上享受 56kbps 的速率。目前的拨号用户还可以通过两条模拟线路组合使用,即用两台 Modem 和两条电话线,达到专线的速率。Windows98 可以从软件上支持两个 Modem 的使用,当有电话拨入时会自动让出一条电话线,停止通话后恢复连接。当然,要想实现真正的高速访问,我们还要等待宽带数字通讯网的到来。

(5) 其他辅助设备

UPS 不间断电源其实是一块大蓄电池,平时处于充足了电的状态,一旦停电,它就可以向计算机供电,保证有足够的时间让计算机保存有关信息,以避免重要数据丢失。这对 CAD 系统来说是很重要的。UPS 的型号有很多,价格差异较大,主要是性能有不同,最重要的是断电后的供电时间,有的 UPS 供电时间长达数十小时,CAD 专业用户可根据需要合理选配。

其他一些外部设备,如多媒体设备所用的有源和无源音箱、抗噪声麦克风等设备,这里就不多介绍了。

2.3 CAD软件系统及其要求

所谓软件指的是与计算机程序、方法、规则相关的文档以及在计算机上运行时它所必需的数据。如果说硬件是计算机的躯体，软件则是它的是思想和灵魂。有了软件，用户面对的将不再是计算机内部的电子器件，而是一台名副其实的逻辑计算机，这意味着一般用户不必去具体了解计算机的复杂物理结构，却可以方便有效地操纵使用计算机。所以有人说，软件是用户与机器的接口。当今各种新型计算机硬件所具备的优良性能，已为CAD系统提供了前所未有的强大物质基础。这种情况下，软件系统就成了决定整个CAD系统性能优劣、功能强弱和方便适用的关键因素。

软件内容丰富，种类繁多，分类方法也不一样。为了便于介绍，这里把计算机辅助设计的软件分成四大类，即系统软件、计算机语言处理软件、支撑软件和应用软件。

1. 系统软件

系统软件作为用户与计算机之间的一个接口，为用户使用计算机提供了方便，同时它对计算机的各种资源进行有效的管理与控制，从而能最大限度地发挥计算机的效率。系统软件处于整个软件的核心内层，主要包括操作系统数据通讯系统及面向计算机维护的程序，如错误诊断程序、检查程序、测试程序等。它为开发各类支撑软件和面向用户的应用软件提供了必要的基础和环境。下面主要介绍操作系统部分。

（1）操作系统是对计算机资源进行管理和控制的一组程序及相关文档的总称，它是用户与计算机之间的接口，任何一个用户都是通过操作系统来使用计算机的。所有软件都是在操作系统的管理和支持下进行工作的。它使计算机协调一致并且高效地完成各种任务。例如，执行对作业和进程的管理，用中央处理器完成各种操作或运算，对存储器进行管理以及有效地存取程序和数据，管理外围设备进行机内、机外的信息通讯传递等等。

（2）目前通用的操作系统工作方式有如下几种类型：

批处理：批处理指的是用户集中一批待处理运行的程序，利用常驻内存中的监督程序在磁盘中形成一个执行队列，把这批程序依顺序逐个调入内存运行并输出相应结果，完成一批作业以后，再输入下一批，重复以上过程，实现作业的自动转换。

分时系统：分时系统的特征是一台计算机上挂有若干个终端，系统资源由若干个用户通过终端来共享，用户以交互方式直接控制它的程序，系统处理机的时间被划分为很小的时间间隔，称为时间片，轮流分给每个终端机。而每个用户都感到好像只有他一人在使用计算机一样，这是一种高级的联机操作方式。

实时系统：实时系统要求对特定的输入作出反应，其速度要足以控制发出实时信号，一般响应时间为毫秒或微秒量级。也就是说要求对输入数据的处理和产生这些数据的事件几乎同步进行。同时实时系统必须具有高可靠性，一般采用双工制，即有一台后备机和主机并行运行，一旦主机发生故障，后备机可立即投入运行。

网络操作系统：目前联网CAD工作站已是发展的必然趋势，一般由各种不同类型、型号的计算机组成各自的局域网，局域网之间又可连接形成区域网及更大规模的广域网。网络之间可互相通讯、共享资源。网络操作系统集中管理网络中所有的计算机，计算机之间的通信按照规定的协议进行，如INTERNET就是一个全球性计算机网络，其应用与发展也必然大大拓宽CAD技术的应用领域。

计算机辅助设计系统与操作系统密切相关，在购置计算机时，应该选择配置功能完善、通用性好的操作系统，并注意它对高级语言的支持、内存寻址能力、是否具有虚拟存储和多用户多任务工作环境等方面的性能，特别是对已有软件的支持能力。目前可用作CAD系统中的操作系统有DOS，WINDOWS，UNIX，以及新近开始流行的、具有开放式产权形态的自由软件LINUX操作系统。MS—DOS（Microsoft Disk Operating System）是PC（Personal Computer）机（亦即微机）上的工业标准。UNIX是一个多用户操作系统，它功能强、可移植性好、不受硬件限制，可以使用多种语言，成为32位大中型机上广泛采用的国际标准操作系统。对于微机CAD系统来说，目前常用的操作系统已由DOS转向了WINDOWS操作系统，即WINDOWS 95，WINDOWS 98或WINDOWS NT。它们均已有中文版，用户可根据需要进行选配。而LINUX操作系统正显示出强劲的上升趋势，很有可能成为一种新的主流操作系统。

（3）操作系统的功能

操作系统的主要功能有存储管理、CPU管理、设备管理和文件管理。具体来说为：

CPU管理：也就是对处理器进行科学管理，包括作业调度即确定哪个作业进入执行状态；进程调度即确定哪个进程占用CPU；以及交通控制，也就是保证各进程的不同状态之间的转换能顺利进行，不致出现阻塞；同时保持进程之间的同步通讯。

存储管理：对于存储器进行科学管理，包括记忆存储器各单元的状态，决定存储空间的分配策略，实现逻辑地址与物理地址之间的转换，及保护存储器内的各种数据和程序。

设备管理：对系统中的各种外部设备进行有效的统一管理，实现设备共享，防止错误操作，提高设备使用的效率及安全性。保证外部设备与主机之间的通讯；做到不失真、不遗漏。

文件管理：文件管理又叫文件系统。它负责对各类文件进行管理，包括文件分类、文件结构、目录管理、文件共享及存取权限等内容。使用户能方便、可靠、迅速地处理各种文件。

2. 语言处理系统

语言处理系统主要是指各种计算机语言及其编译程序、解释程序或汇编程序等。在CAD系统的工作过程中要用到多种语言及对它们的处理，通常可以把它们分为两大类，即通用语言和专用语言处理系统。

（1）通用语言处理系统

在CAD系统中常用的通用计算机语言有汇编语言、BASIC、FORTRAN、PASCAL、C语言以及近年来流行的Visual Basic、Visual C^{++}等。

1) 汇编语言

汇编语言是在机器语言的基础上改进的。它采用一些便于记忆的字符（例如简化的英文单词）或适当的符号来表示机器的操作码、操作数的地址等等。用汇编语言编写的符号程序叫做源程序。汇编语言除了具有机器语言的优点之外，与机器语言相比，还具有编写方便、便于阅读、理解的优点。汇编语言也是依赖于机器的。因此它也叫做面向机器的语言。用户在使用时必须了解机器的某些细节，如累加器、每条指令的执行速度、内存容量等等。用汇编语言编写的程序，同样可以把计算机运算处理信息的过程刻画得非常具体和紧凑，所以，直至今日，汇编语言仍起着重要作用，尤其对于有些用户（如实时控制及系统程序设计）是很有用的。计算机的硬件只能识别机器语言的指令并根据这些指令控制执行，所以，用汇编语言编写的程序要通过计算机自动翻译转换成机器语言。把汇编语言编写的源程序翻译转换成机器语言的过程是由汇编程序（也叫汇编器）来实现的。源程序（Source Code）经过翻译转换成机器语言的程序称为目标程序（Object Code）。

2）高级语言

汇编语言与机器语言相比，虽然具有编写方便、便于阅读理解的优点，但是对普通用户来讲，用汇编语言编程的效率仍然是很低的。因此，人们进一步开发出方便用户的计算机语言。这就是程序设计语言。由于它是面向用户的，所以也叫做高级语言。高级语言是一整套更接近于自然语言的标记符号系统。它严格地规定了这些符号的表达格式、结构和意义，以便对计算机的执行步骤进行描述。

高级语言不依赖于计算机的结构和机器的指令，它以通用性强且便于记忆的顺序来编制程序，以解决科学计算或数据处理等问题。这种面向算法和过程的程序设计语言使用非常广泛。常用的程序设计语言有 BASIC、FORTRAN、COBOL、LISP、PASCAL、PL/1、C 等等。此外，还有专门处理特定问题的面向问题语言，如仿真语言、表处理语言等。目前，世界上的程序设计语言已达 1000 种以上。

FORTRAN 语言是用于科学和工程计算的语言，其程序结构是分块结构，可以分块书写和分块编译，使程序的编制比较灵活方便。

C 语言是一种面向结构的程序设计语言，它具有丰富的数据类型、简练的表达式、先进的控制流程和数据结构，能够有效地描述操作系统、编译程序以及编制各种不同层次的软件。首先，C 的编译程序简单紧凑，如果将 CAD 系统中的工具软件用 C 语言来编写，将大大提高整个系统对用户指令的响应速度。其次，C 语言提供的指针和地址运算能力，便于实现对特定物理地址进行访问。此外，C 语言具有丰富的运算符和众多的库函数，使程序更为简练。

Visual C++ 是 Microsoft 公司在 C 语言基础上新推出的开发 Windows 95 和 Windows NT 32 位应用程序的可视化工具，它标志着面向对象技术的成熟和完善，使得用户可以开发出规模更大、功能更加复杂的应用程序，而需要的工作量却大大减少。目前新的 Visual C++ 6.0 版本已经在市场上推出。C++ 已成为举世公认的最优秀的面向对象语言，开创了以面向对象技术为主导的软件设计的新时代。

3）编译程序

用高级语言编写的程序是源程序。由于计算机只能执行机器代码，因此用通用语言写成的源程序还必须经过翻译程序加工以后产生一个与源程序等价的目标程序或机器代码。不同的语言有不同的翻译程序，若源程序用汇编语言写成，则其翻译程序称为汇编程序。一般来说翻译程序的执行方式有编译方式和解释执行方式，其中编译方式指的是源程序经翻译程序加工后要产生一个目标程序，再由计算机运行该目标程序；而解释执行方式指的是翻译程序按照源程序的动态执行过程，按顺序每次读一句源程序马上将它翻译成相应的机器代码，并执行该机器代码，然后再读一句源程序，并重复以上过程直到全部源程序均处理完毕。这种方式不产生一个独立的目标程序，运行速度比编译方式要慢得多。FOR-

TRAN，PASCAL，C语言均采用编译方式处理，而BASIC语言是按解释方式处理的。编译程序的工作过程是把高级语言写的源程序译成目标程序。采用的方法是先分析词法和语法，然后进行代码优化、存储分配和代码生成工作。编译程序要对源程序进行多次扫描后才能完成这些工作。编译处理中一般还要作优化处理，使目标程序的执行时间尽可能短，占用存储量少，执行效率高。

4）装配程序

在一个大的程序中，其中有的程序块是独立编译的，有的程序块是程序库中的标准程序或标准子程序，也有些程序块是用其他语言编写的，这些程序块需要装配在一起组成一个可运行的目标程序后才能被用户执行。这时，这些分散的程序块是不能单独运行的，因为程序中所涉及的地址会相互重叠。必须把各程序块中所涉及的地址经过修改，并重新确定其地址，装配成一个完整的目标程序后才能运行。这个过程就是由装配程序来完成的。装配程序的任务是将几个分别编译或汇编的目标程序模块（.OBJ文件）装配连接成一块，形成可以运行的可执行文件（.EXE文件）。

为了方便用户，计算机中常设置各种标准子程序，供用户在编制程序时调用，这些子程序的集合称为程序库。程序库中的子程序一般都采用好的计算方法，计算速度快，精度高，并按统一的标准格式编制，便于用户使用。标准子程序中最基本的一类程序，比如初等函数，像三角函数、反三角函数、对数和指数函数、开平方和开立方等程序，这类子程序使用最为频繁，一般是放在内存中。所以，在有的高级语言中，称它为内部函数。

（2）专用语言处理系统

专用计算机语言有很多种，大多是为处理某一特定领域的问题而设计的，在CAD系统中用到的专用语言有：

L1SP语言：这是一种函数型表处理语言，适用于字符、符号的处理。在AutoCAD图形系统中常用内嵌的AutoLISP语言进行二次开发。

PROLOG语言：这是一种专用图形语言，适宜于描述逻辑推理过程。

APT语言：这是一种专用图形语言，适宜于对各种图形进行描述及处理。

DDL与DML语言：它们是数据描述与数据操作专用语言，在数据库系统中常用它们来描述数据结构，及对数据库进行存取数据的处理。

3．计算机支撑软件

随着计算机在各个领域中应用水平的提高，许多应用软件的功能越来越强，程序的规模和复杂性也随之增加。一个有一定规模的应用软件，除了要实现本专业的各种计算、处理以外，还要开发大量的数据管理、格式控制、图形界面等方面的程序模块或子系统，开发这些模块或子系统的工作量有时甚至超过专业程序本身的开发工作量。

计算机辅助设计是计算机应用中最复杂的问题之一，不同目的不同专业领域的CAD内容是千差万别的，但是大多数CAD系统的交互方式，图形操作以至数据管理等又有很多共同之处。对这些共同之处加以分析、归纳后开发而成的通用软件，就是CAD系统的支撑软件。支撑软件（Support Software）为应用软件的开发者提供一系列服务的开发工具，从而减少软件开发工作量，缩短开发周期，也使应用软件更加易于修改与维护。事实上，一个CAD系统的功能和效率在很大程度上取决于支撑软件的性能。CAD支撑软件需要包括以下几方面的内容：

1) 基本图形元素生成程序；
2) 图形编辑功能程序；
3) 用户接口；
4) 三维几何造型系统；
5) 数据库及其管理系统；
6) 汉字处理系统；
7) 网络通讯系统。

建筑结构计算机辅助设计系统的支撑软件主要包括科学计算类支撑系统、图形支撑系统和数据库管理系统，它们是计算机辅助设计的核心技术。

(1) 科学计算类支撑软件

科学计算类支撑软件种类繁多，它包括工程计算和工程分析中许多方面的内容，其中用得最多的有：

1) 常用方法软件包

它包括常用数学方法库和工程设计中的常用方法库两部分，其中常用数学方法库中有各种常用数值计算方法，如微分方程的数值求解、数值积分、曲线曲面拟合、插值、矩阵计算、线性方程求解等。

2) 优化方法软件包

优化方法软件包主要包括两方面的内容：一是针对实际问题如何建立最优化问题的数学模型，二是如何选择最优方法利用计算机对该问题求解。目前已开发了各种较成熟的优化算法及通用计算机程序，使得工程优化设计成为一门蓬勃发展的新学科。

3) 有限元分析软件包

有限元分析实质上就是利用计算机进行力学分析，是一种近似计算方法。它能对复杂形状的物体进行应力、应变的分析，为工程设计奠定坚实的力学基础。有限元分析软件一般分为前处理、计算及后处理三部分。其中前处理部分主要建立有限元几何模型，包括网格划分等工作，计算部分完成应力、应变等计算，是有限元分析软件包的核心部分，而后处理部分则对计算结果进行分析处理。目前有限元分析软件包已成为CAD系统软件的一个重要部分，为工程结构分析最有力的工具之一。在建筑结构CAD系统中的有限元分析部分，根据建筑结构及其构件本身的特性，一般采用的是特殊的简化结构模型和单元模型来满足实际工程问题的需求。

(2) 图形支撑软件

基本图形元素（Basic Graphic Element）是指生成复杂图形的基本单位，一般包括点、线、圆、弧、文字和填充块等。这些基本图形元素是计算机辅助设计中必不可少的内容。一般的计算机图形软件中都包括这部分功能。一些计算机高级语言如BASIC、FORTRAN、PASCAL、C等的新版本也都含有生成基本图素的标准子程序库可供用户直接在程序中调用。对于CAD系统来说，图形功能是其最重要的指标之一。图形系统构成了CAD系统的一个主要组成部分，是当前CAD应用技术中最活跃的部分，主要包括几何建模软件包和图形软件包两部分。

1) 几何建模软件包

几何建模软件包的主要任务是建立CAD系统中的几何模型，也就是要正确地描述物体的几何形状，建立相应的数学模型及数据结构，把几何形体以数据文件的形式存放在数据库中。目前使用的几何建模软件包建立的几何模型主要有三种：线架模型、表面模型及实体模型，其中实体模型最复杂，也是水平最高的几何模型，它包含的信息比其他两种几何模型要丰富得多。几何建模的数学基础之一是计算几何，这是一门新兴的边缘学科，采用特定的数学方法来研究几何图形及其空间关系，在计算机的基础上把"形"与"数"有机地统一起来了，正是由于它的发展和应用才促使几何建模技术在 CAD 系统中占据了越来越重要的地位。

2）图形软件包

在建筑 CAD 系统中往往直接采用商品化的图形软件包作为图形支撑软件。图形软件包的主要任务就是提供绘图功能。绘图软件应能以参数方式绘制各种基本图形元素，如直线、圆、弧、文本字符等，同时应有较强的图形编辑功能，能对已有图形进行各种处理，如标注尺寸、画剖面线等，同时应能对图形进行各种几何变换如旋转、缩放、平移等变换，并通过输出命令绘制出满足工程需要的图纸来。目前国内外常用的图形系统软件包有很多种，在微机上应用最普遍的是 AutoCAD 软件，它是美国 Autodesk 公司开发的，本书将在以后章节中对它进行详细介绍。

（3）数据库系统

在 CAD 系统中有大量数据信息需要存储、传递、检索、加工。这就对数据的管理提出了越来越高的要求。数据库系统就是一种有效管理数据的软件，它实现了数据的共享，大大减少数据的冗余度，并对数据的安全性、完整性、保密性提供了统一的控制。可以说数据库系统是各种 CAD 系统软件必不可少的基础。目前在我国微机中使用最广泛的数据库管理系统有 FOXBASE＋，FOXPRO 等。同时在它们的基础上又开发了独立的工程数据库管理系统，常用的有 TORNADO，MLDB 等。

4. 面向用户的应用软件

应用软件是用户利用计算机以及它所提供的各种系统软件和支撑软件，编制解决用户各种实际问题的程序。计算机辅助设计系统的功能最终反映在解决具体设计问题的应用软件上，它应具备如下特点：

（1）能够切实可行地解决具体工程问题，给出直接用于设计的最终结果；

（2）符合有关规范、标准和工程设计中的习惯；

（3）充分利用计算机辅助设计系统的软件资源，具有较高的效率；

（4）具有较好的设备无关性和数据存储无关性，便于运行于各类硬件环境以及与不同软件的连接；

（5）使用方便，具有良好的人机交互界面；

（6）运行可靠，维护简单，便于扩充，具有良好的再开发性。

通常，应用软件需要用户自行开发，这是因为某些设计的专业性较强，涉及的领域广泛，其开发需要专业人员的知识和经验，所以计算机辅助设计系统的开发是工程技术人员应用计算机技术生产的综合产物。在支撑软件的基础上针对特定领域、特定工程设计问题、特定产品等开发专用的软件，即面向用户的应用软件，也称为"二次开发"。这种开发项目往往由软件工作者与用户联合开发。最后要说明的是支撑软件与面向用户的应用软件之间的界限往往不是很分明，有的教科书上也把这两类软件统称为应用软件。

2.4　计算机辅助设计系统的形式

自从计算机辅助设计在各个设计领域应用以来,已经有多种设计系统在卓有成效地工作着。设计系统的形式主要以系统是否具有人机对话功能而分成交互型和自动型两大类。

(1) 交互型系统是指具有人机对话功能的系统。它的作业过程要在人的直接参与下,以人机对话的交互作业方式来进行工作。设计时需凭借设计人员的经验和知识进行人工干预,作出判断及修改设计,以得到一个较优的设计,它适用于设计目标难以用目标函数来定量描述的工程设计问题。

(2) 自动型系统是一种非人机对话的自动设计系统。设计人员按设计要求输入基本参数后,作业过程中勿需人的参与或者只要很少的人工参与,计算机会根据用户编制的程序自动地完成各个设计步骤,直至获得最优解为止。它一般只适用于一些目标函数比较简单的产品设计问题,目前在建筑结构 CAD 系统中尚难以采用。

第3章 AutoCAD 及其在结构工程中的应用

3.1 AutoCAD 的概述

3.1.1 工程绘图的技术革命

人类在表达思想、传递信息时，最初采用图形，后来逐渐演化发展为具有抽象意义的文字。这是人类在信息交流上的一次伟大革命。在信息交流中，图形表达方式比文字表达方式具有更多的优点。一幅图纸能容纳下许多信息，表达内容直观，一目了然，在不同的民族与地区具有表达思想的相通性，而且往往可以反映用语言、文字也难以表达的信息。

工程图是工程师的语言。绘图是工程设计乃至整个工程建设中的一个重要环节。然而，图纸的绘制是一项极其繁琐的工作，不但要求正确、精确，而且随着环境、需求等外部条件的变化，设计方案也会随之变化。一项工程图的绘制通常是在历经数遍修改完善后才完成的。

在早期，工程师采用手工绘图。他们用草图表达设计思想，手法不一。后来逐渐规范化，形成了一整套规则，具有一定的制图标准，从而使工程制图标准化。但由于项目的多样性、多变性，使得手工绘图周期长、效率低、重复劳动多，从而阻碍了建设的发展。于是，人们想方设法地提高劳动效率，将工程技术人员从繁琐重复的体力劳动中解放出来，集中精力从事开创性的工作。例如，工程师们为了减少工程制图中的许多繁琐重复的劳动，编制了大量的标准图集，提供给不同的工程以备套用。

工程师们梦想着何时能甩开图板，实现自动化画图，将自己的设计思想用一种简洁、美观标准的方式表达出来，便于修改，易于重复利用，提高劳动效率。

随着计算机的迅猛发展，工程界的迫切需要，计算机辅助绘图（Computer Aided Drawing）应运而生。早期的计算机辅助设计系统是在大型机、超级小型机上开发的，一般需要几十万甚至上百万美元，往往只有在规模很大的汽车、航空、化工、石油、电力、轮船等行业部门中应用，工程建设设计领域各单位则难以望其项背。进入 80 年代，微型计算机的迅速发展，使计算机辅助工程设计逐渐成为现实。计算机绘图是通过编制计算机辅助绘图软件，将图形显示在屏幕上，用户可以用光标对图形直接进行编辑和修改。由微机配上图形输入和输出设备（如键盘、鼠标、绘图仪）以及计算机绘图软件，就组成一套计算机辅助绘图系统。

由于高性能的微型计算机和各种外部设备的支持，计算机辅助绘图软件的开发也得到长足的发展。常见的计算机辅助绘图软件有 AutoCAD、Microstation、Civil Draft by GEOPAK（土木工程绘图工具）等。其中 Autodesk 公司的 AutoCAD 最为著名，已被国际工程界最为广泛的用户使用，功能开发也日益完善。AutoCAD 软件 R14 版，使用户更加得心应手地利用计算机进行辅助绘图。使用这个工具，越来越多的工程师已逐渐实现甩开图板和图尺的梦想，正由手工绘图向计算机辅助的机器制图转变。这场技术革命，解放了广大工程技术人员，促进了工程技术和工程建设跃上一个新台阶。

用户要利用计算机辅助绘图，不仅要了解微机、外部设备等基本性能，掌握基本操作，更重要的是在于掌握计算机辅助绘图软件的操作，并进一步利用相应的软件进行开发为工程服务。

3.1.2 AutoCAD 的发展进程

AutoCAD 是由美国 Autodesk 公司推出的。1980 年发布了 AutoCAD 图形软件包 1.0 版，当时用于 IBM－PC/XT、AT 机上，接着先后推出 2.0 版、2.5 版、7.6 版、9.0 版、10.0 版、11.0 版、12.0 版，其中 AutoCAD10.0 版开始普及到广大普通用户，12.0 版是 AutoCAD 进入辉煌的开始。AutoCAD R12 版（for DOS）在目前仍然拥有最大量的用户，是一般微机中最常见的大型软件之一。

由于微软（Microsoft）公司推出的 Windows 系统操作平台已逐渐取代 DOS 操作系统。AutoCAD 也随即开发了 Windows 版 AutoCAD R12 版、R13 版、R14 版、R15 版，其中 R12 版、R13 版，仅将 AutoCAD R12 版（for DOS）移植到 Windows 平台，修改不大。R14 版是 AutoCAD 软件的又一个飞跃，作出了许多改进，既包含了原有的优点，又增加了许多新功能，而且操作更为简便，在数据共享、信息交换、图像处理、网络、二次开发等方面功能更强。

总之，AutoCAD 经过多次升级换代，它的性能越来越完美，功能也越来越强大，正以其开放性、实用性、易用性影响着我们的工作和生活。下面将重点介绍 AutoCAD 主流版 AutoCADR14 版。

3.1.3 AutoCAD 的特性

AutoCAD 之所以成为一个功能齐全、应用广泛的通用图形软件包。首先它是一个可视化的绘图软件，许多命令和操作可以通过菜单选项和工具按钮等多种方式实现。而且 AutoCAD 具有丰富的绘图和绘图辅助功能，如实体绘制、关键点编辑、对象捕捉、标注、鸟瞰显示控制等，它的工具栏、菜单设计、对话框、图形打开预览、信息交换、文本编辑、图像处理和图形的输出预览为用户的绘图带来很大方便。其次它不仅在二维绘图处理更加成熟，三维功能也更加完善，可方便地进行建模和渲染。

另外，AutoCAD 不但具有强大的绘图功能，更重要的是它的开放式体系结构，赢得广大用户的青睐。

AutoCAD 的基本特性如下：

1. 采用高级用户界面

AutoCAD 系统是一种交互式软件包，用户通过界面来与图形软件包进行对话。用户可以通过多种多样途径与 AutoCAD 软件包实现对话，即除了采用键盘输入、屏幕菜单、鼠标、数字化仪器四种基本输入控制以外，还采取了高级用户界面（Advanced User Interface），即采取类似视窗的界面。AutoCAD 视窗上部第二行是菜单栏（Menu Bar），用户可以通过移动光标选择菜单栏中的菜单项，便出现下拉菜单。下拉菜单中的菜单项将是某类命令或子菜单项。选择子菜单项可以进一步选择其子命令。除菜单外，还可以将一些功能控制栏显示于 AutoCAD 视窗内，这些功能栏就是工具栏。工具栏为某类命令的集合，其控制操作类似菜单项的操作。AutoCAD 软件包中基本实现用户界面集成，已建成了标准菜单和包含所有命令的工具栏。其中工具栏可以根据用户喜好选择性地显示或隐藏。由于AutoCAD的开放性，我们可以根据工作需要来定制自己菜单和工具栏，以适应二次开发的需要。另一种先进方式就是交互对话的对话框。系统内提供对话框程序，用户通过这些对话框命令进行系统设置和命令操作。对话框控制优点就是方便、明了、灵活。在高级用户界面（AUI）中还有光标菜单、图标菜单等。

2. 具有一整套功能齐全的绘图和编辑命令

这些命令有以下几类：

(1) 基本命令

它包括了二维和三维的实体绘制、图层操作、图块操作、尺寸标注、图形编辑、显示控制、图案填充、属性处理、外部引用等，还包括系统设置、图形的输入输出以及实用程序等。

(2) 三维实体扩展命令

AME是高级造型扩展模块（Advanced Modeling Extension）。该模块采用构造式实心体几何（CSG）表示法，具有空间相交计算能力，可以对体素（即长方体、圆锥、球等）进行并、交、差运算，可产生明暗色彩的真三维图像。Render命令来自于AutoCAD Render着色处理扩展模块（AutoCAD Visualization Extension）。可对三维实体选择材质、光源来进行渲染，并形成带明暗彩色的三维图像。AutoCAD R14版的三维处理已相当完善。

(3) 数据接口命令

ASE是AutoCAD结构化查询语言扩展模块（AutoCAD SQL Extension）的简称。该模块提供了与通用数据库管理系统接口。它允许与dBASE、PARADOX、INFORMIX、ORACLE和Microsoft Access（使用ODBC）等数据管理系统进行通信，以便存取放在数据库中的非图形数据。将AutoCAD图形与数据库中数据相关联，即链接，这样就可以使用所有外部数据库特性而不必预先掌握有关的数据库和查询语言。

(4) 光栅图片处理命令

AutoCAD图形是以DWG形式保存的矢量图形。有时，我们在文档处理中需要这些图形作插图，有时在我们的图形中也需要一些图片（光栅图形）。AutoCAD R14版，不仅提供了可以将图形直接链接到Microsoft Word等文档中，还可以将图形存以BMP格式文件以备使用。此外还可以用多种格式形成图片（光栅图形）。光栅图形也可以通过IMAGE插入图形中，这样在图形上不仅可以看到一大堆线条，还可以看到实体图片。光栅图片在图形中可以复制、移动、旋转、调整大小和剪切，还可以调整图片的颜色、对比度、亮度和透明度等。

3. 提供Auto Lisp与ADS、ARX的开发系统

Lisp语言是一种标准的表处理程序设计语言。它在人工智能和专家系统中得到广泛应用。AutoCAD图形软件包中嵌入Common LISP语言的一个子集，称为Auto Lisp。它既可用来完成常规的科学计算和数据分析，又可以直接调用AutoCAD的几乎所有命令实现图形处理。这为CAD的开发者提供了理想的开发环境。AutoCAD还提供了AutoCAD开发系统（AutoCAD Development System 简称ADS）。ADS实现了AutoCAD图形与C语言的接口。此外，还提供了ARX（AutoCAD Runtime eXtension）等有效的开发工具。

4. 提供多种接口技术

AutoCAD 图形软件包本身构成相当完整的绘图和设计的系统。但实际应用中，有时还需要将生成的图形送到其他专用程序中作分析加工或者与其他 CAD 系统进行图形转换，因此就需要交换信息。

DXF 文件格式是 AutoCAD 与高级语言进行交换信息的接口。通过这一接口，既可以将 AutoCAD 中的图形转化为非图形数据，即图形中各实体象素的属性数据传递给高级语言（FORTRAN、C）编写的程序进行分析计算处理，又可以将通过这些高级语言编写的程序处理过的数据传回 AutoCAD 中建立图形，实现图形变换和自动绘图。

AutoCAD 图形软件包支持初始图形转换标准（Initial Graphics Exchanges Standard，简称 IGES）。凡是支持 IGES 标准的其他 CAD 系统均可以与它进行图形的转换。

另外，如前所述，即使非 IGES 标准的光栅图片在 AutoCAD R14 版中通过光栅图片处理命令也可以随心所欲地进行交换。

5. 允许进行系统参数和标准库文件的修改

AutoCAD 用户可以根据需要来修改原有的系统参数和标准库文件，实现方便绘图。

（1）AutoCAD 的系统变量具有开放性。可以依据提供的条件进行修改，用来设置新的绘图环境。

（2）用户创建自己的文字字体、线型、阴影线图案，并可保存样式形成新的标准库文件。

6. 具有网络功能

AutoCAD 能够支持在微机局域网上作图。对设计单位的绘图工作特别重要，因为它允许在一个项目组内多个成员协同工作，共同完成图纸设计任务。

此外，AutoCAD R14 版同前版相比，在减少内存占用、用户支持、交流和共享、精确绘图等方面作出了许多加强和改进。

3.2 AutoCAD 的基本操作

3.2.1 AutoCAD 的基本概念

在学习 AutoCAD 操作之前，有必要学习一下 AutoCAD 的一些基本概念。这有助于我们掌握 AutoCAD 的操作，加深对 AutoCAD 系统功能和命令的理解，对进行 AutoCAD 二次开发也是不可缺少的。

1. 坐标系

任何组成图形的实体都具有相对空间存在的性质。在 AutoCAD 中是通过坐标系来描述这种空间特性的。

AutoCAD 采用了三维迪卡尔坐标系统。迪卡尔系有三个坐标轴：X、Y 和 Z 轴。根据 X、Y、Z 轴，当输入某点坐标值时，以相对于坐标系原点（0，0，0）的距离和方向确定该点。AutoCAD 为了用户操作方便设有通用坐标系统（World Coordinate system）和用户坐标系统（User Coordinate Systems）。

通用坐标系（WCS）是 AutoCAD 中的基本坐标系。这是一个绝对坐标系，它定义的是一个三维空间，X—Y 平面为屏幕平面，原点为屏幕的左下角，三轴之间由右手准则确定。在图形的绘制期间，通用坐标系的原点和坐标轴的方向都不会改变。在 AutoCAD 启动时首先进入图形编辑缺省状态通用坐标系。实体在通用坐标系中的坐标为绝对坐标,所有实体的数据都以该系统为基础。

AutoCAD 除了采用通用坐标系统外,还提供了可以自定义坐标系,即用户坐标系。用户坐标系在通用坐标系内可取任一点设置为原点,其坐标轴方向也是可任意转动和移动。用户坐标系也是三维迪卡尔坐标系。X、Y、Z 轴按右手规则定义。坐标为相对坐标。采取用户坐标系的优点就是选取适当的原点以及适当的坐标轴方向来定义的坐标系可以将一个复杂的三维绘图简化为二维绘图问题。定义用户坐标系,通常有两种方法:①指定新的 XY 平面;②指定新的坐标原点。

AutoCAD 在通用坐标系和用户坐标系中的坐标输入,既可以采用绝对坐值和相对坐标值,又可以采取极坐标来绘图。针对不同的要求,选择适当的坐标系和坐标输入方法,会取得事半功倍的效果。

2. 图形界限和范围

图形界限是指选定的图形区域,所要绘制的图形将安排于其中。图形界限是采用 LIMITS 命令根据所绘图形的要求确定的。在这个区域中可以使用 AutoCAD 的一个很重要的绘图辅助工具——栅格。当打开栅格帮助定位时,会出现一个覆盖图形区域的网格状的点阵阵列。实际上图形界限也就是栅格覆盖的区域。

图形范围是指这样的一个矩形区域,它恰好可以将所有图形包含其中。一般来说,图形范围应包含在图形界限中,但实际上有可能图形范围超出图形界限,甚至完全处于图形界限之外。这是由于图形界限设置不当或绘图定位不好造成的。如此就难以发挥 AutoCAD 栅格辅助绘图功能。

在实际绘图中,我们可以将界限检验开关置于 ON 状态。这时图形界限就确定了图形范围,任何图形界限以外的实体均不被 AutoCAD 接受,可避免在图形界限之外绘图。

3. 实体和实体特性

实体(Entity)是 AutoCAD 图形系统预先定义的图形元素。可以采用系统规定的命令在图中生成指定的实体。采用 AutoCAD 绘图就是在图形中生成大量实体,并将这些实体组织好,进行编辑处理,完成图形的绘制。点、直线、圆弧是绘图中常用实体。图形中文字、属性和标注尺寸也是实体。AutoCAD 中基本实体有:

  点(POINT)   三维多义线(3DPLOYLINE)
  直线段(LINE)   块(BLOCK)
  圆(CIRCLE)   填充图案(HATCH)
  圆弧(ARC)   属性(ATTRIBUTE)
  椭圆(ELLIPSE)   标注尺寸(DIMENSION)
  区域填充(SOLID)   三维面(3DFACE)
  文本(TEXT)   三维矩形网格(3DMESH)
  正多边形(POLYGON)   光栅图像(IMAGE)
  宽度线(TRACE)   视图窗口(VIEWPORT)
  多义线(POLYLINE)

这些实体都有绘制它的命令以及编辑修改它的命令。每个实体除具有形状和大小之外,它还具有如下特性:

(1) 图层 (Layer)：图层对 AutoCAD 初学者来说是一个较难以接受的概念。在手工绘图中只有一张图纸，因而没有图层可言。在 AutoCAD 中，用户就可以通过 Layer 命令将一张图形分为若干图层，将不同特性的实体放在不同图层以便于图形内容的检查、管理，针对不同层可以赋予该图层中实体的线型和颜色。为了方便绘图，用户可以任意打开或关闭、冻结或解冻，以及锁定或解锁某些图层。每个图形由许多图层组成，其中零图层是 AutoCAD 缺省的唯一图层，不能删除。这些图层相当于一张张透明的图纸，每个图层的空间完全重合，用户每次绘图操作只能在其中某一图层操作。用户可以设置任何图层为当前图层，此时所建的实体特性若随图层变化，将保持与图层设定的线型、颜色、开关等相同变化。由于图层的概念，使用户更方便地将不同特性的实体分类在不同的图层，通过对图层的操作使图形的编辑更加方便。

(2) 颜色 (Color)：实体的另一个特性是颜色，每个实体都有颜色。不同的实体可以有相同的颜色。实体颜色的设置通常由所在层的颜色确定。用户也可以通过 Change 命令来改变某一指定实体的颜色，这时该实体将不会随着所在图层的变化，且不会因位于另外图层中而改变颜色。AutoCAD 实体颜色是由 1~255 中数字表示，每个数字代表一种颜色。实体赋予不同颜色其作用一方面为区别不同性质的实体，另外重要性在于 AutoCAD 通过绘图机输出图形时，绘图机针对不同颜色按设置的笔宽喷绘出图，使绘出的图形线条分明。

(3) 线型 (Linetype)：这是由直线、弧、圆、多义线等线条组成的实体所具有的一般特性。这些实体都有一种相应的线型。每一种线型都有一个名字和定义。名字是线型的标识。定义规定了该线型的线段和空位交替的特定序列。实体的线型与颜色特点相类似，新生成的实体线型是当前层确定的，并随所在层的线型特性变化而变化。也可通过 Change 命令重新修改其线型，所获线型特性不随上述变化而改变。图形中的线型由 Linetype 命令从 *.lin 线型库中提供的线型进行设置。其相对图形的显示比例由 LTSCALE 命令设置。

(4) 实体描述字 (Handle)：实体描述字又称为实体句柄。它是每个实体的永久性标记，是系统分配给实体的唯一标识号。当新生一个实体时，系统分配给它一个句柄号，并随实体存于图形中。当删去一个实体时，该实体的句柄号被取消。

4. 图形显示

AutoCAD 向用户提供了多种方式观看绘制过程中的图形或图形以特定的显示比例、观察位置和角度显示在屏幕上的结果。控制图形显示就是控制显示比例、观察位置和角度。其中最常见的方法是放大和缩小图形显示区中的图形。平移就是将图形平移到新位置以便观看，不改变显示比例。

(1) 缩放 (Zoom) 和平移 (Pan)

用户对图形进行缩放显示，正如利用相机中的变焦概念(Zoom)。放大就是将图形移近，可以看到局部的细节，缩小就是将图形移远可以看到图形的大部分。AutoCAD 放大比例约为 $10^{13}:1$（即十万亿分之一）。AutoCAD R14 版在使用 Zoom 时还提供了实时缩放，即交互式的缩放功能。在实时缩放模式中，可以通过垂直向上或向下移动光标来放大或缩小图形。

用户可以将图形在不改变缩放系数的情况下在任何方向平移图形。通过平移，可以观察图的不同部分，包括位于屏幕以外图形的其他部分。与实时缩放相类似，Pan 也是有实时交互平移的功能。当显示图形处于实时平移模式时，按鼠标左键不放，拖动鼠标将图形移动到新的位置。

(2) 鸟瞰视图

鸟瞰视图又称为"鹰眼"视图。它是一种快速定位工具。鸟瞰视图在另外一个独立的窗口中显示整个图形，在这个独立窗口中操作可以实现快速移动到目的区域。

图形的缩放、平移、鸟瞰视图，都是将屏幕作为"窗口"使用。通过窗口来进行看图，图形本身坐标、大小均不发生变化。

5. 使用块

AutoCAD 为了方便绘图操作，还提供使用块这种方式进行快捷地绘图。图块是由一组实体构成的一个集合。块的使用可将许多对象作为一个部件进行组织和操作。用户赋予块名后，就可以根据需要使用块，将这组实体插到图形的指定位置。在插入时可选择定义比例缩放和旋转。等比例插入的块才可以分解，方可对其组成的实体对象进行修改。使用块方便类似图形的重复利用。

使用块的优点在于：

(1) 建立常用符号、部件、标准件的标准图形库。可以利用此特性进行 AutoCAD 的二次开发。

(2) 修改图形时，使用块操作比使用许多简单实体具有更高的效率。

(3) 将许多实体组成块后，将节省存储空间。

6. 精确绘图辅助

AutoCAD 提供了一系列辅助工具和手段来帮助用户进行精确绘图。

(1) 栅格和捕捉工具

栅格和捕捉是使用定标设备拾取时很重要的工具。Grid 是栅格设置命令。Snap 是设置捕捉方式的命令。栅格可以作绘图区内的光标定位基础，打开捕捉模式可以限制光标的移动。我们既可以设置捕捉间距，设置栅格的间距，还可以调整捕捉和栅格的对齐方式，定位更加准确。在工程绘图中，经常涉及到等轴测概念，使用 Snap、Grid 设置，再使用 Isoplane 命令选择某个等轴测平面。

上述设置也可以在命令行键入 DDRMODES，弹出"绘图辅助工具"对话框进行设置。

(2) 正交模式

所谓正交模式，就是在绘制线段时，只能绘制平行于 X 轴或 Y 轴的直线段。此 X、Y 轴既可以是通用坐标系，也可以是用户坐标系，取决于当前坐标系。配合适当的用户坐标系，采用 ORTHO 命令设置为正交状态，可以方便绘制正交直线图形。

(3) 目标捕捉工具

绘图时用户经常需要精确定位到对象上的某一点，如直线的中点、端点、圆的圆心等。直接在对象上用光标寻找，偏差是难免的。误差累积绘出的图一定难以满足要求。利用 AutoCAD 提供的对象捕捉工具，可以选择对象捕捉方式。其方式有：端点（Endpoint），中点（Midpoint），中心点（Center）、节点（Node）、象限点（Quadrant）、交点（Intersection）、插入点（Insert）、垂点（Perpendicular）、切点（Tangent）、最近点（Nearest）、快速（Quick）。这些方式可以复选。

(4) 显示坐标并定位点

ID 命令具有两种功能。一方面输入 ID 命令后，用拾取框拾取需要显示坐标的点，则在状态栏中显示该点的坐标值；另一方面在输入 ID 命令后，再输入某点坐标，则十字光标就准确定位于该点。

3.2.2 AutoCAD 的绘图过程

本节首先对 AutoCAD 的使用作初步认识，了解 AutoCAD R14 版主窗口环境，熟悉 AutoCAD 的各个组成部分，然后利用例子介绍如何进行 AutoCAD 绘图的主要过程。

1. 认识 AutoCAD R14

AutoCAD R14 的主窗口如图 3-1 所示。

该窗口包含了以下部件：标题栏、菜单栏、工具栏、图形窗口、命令行区及状态栏。

（1）标题栏

标题栏位于主窗口顶部，见图 3-1 所示。显示当前所使用 AutoCAD 的版本号以及正在编辑的文件名。

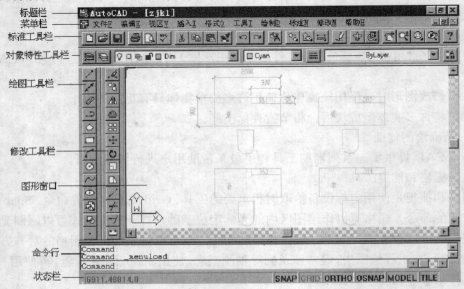

图 3-1　AutoCAD R14 的主窗口

（2）菜单栏

菜单栏位于主窗口顶部第二行，见图 3-1 所示。其中包含有"文件"、"编辑"、"视区"、"插入"、"格式"、"工具"、"绘制"、"标注"、"修改"、"帮助"，总计十项一级菜单项。当用光标选中某项菜单项，就可以下拉出该项菜单的内容。

1)"文件"项：

"文件"项下拉菜单见图 3-2 所示。该项内容包括创建新图文件、打开图形文件、保存文件、输出图形数据、打印、图形管理、无用图形信息清除、发送文件、退出等命令项，并可记忆前四次编辑的文件路径。

2)"编辑"项：

"编辑"项下拉菜单见图 3-3。这是 AutoCAD R14 新增加与 Windows 一致的编辑功能，包括工作放弃和重做，从图形窗口到剪切板的剪切、复制和粘贴等。

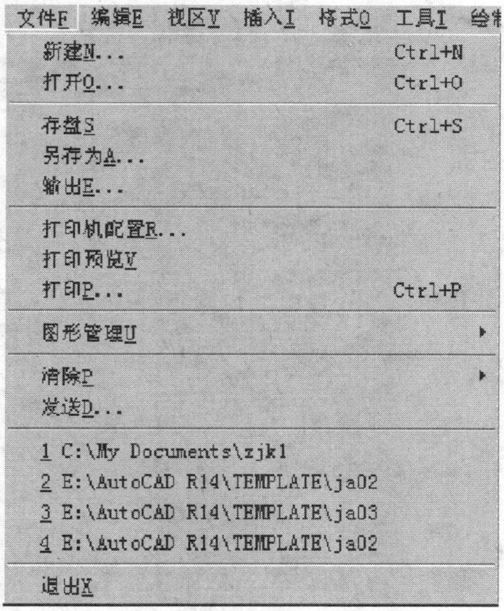

图 3-2 "文件"项下拉菜单

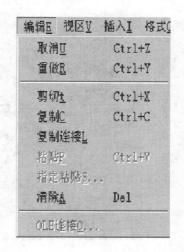

图 3-3 "编辑"项下拉菜单

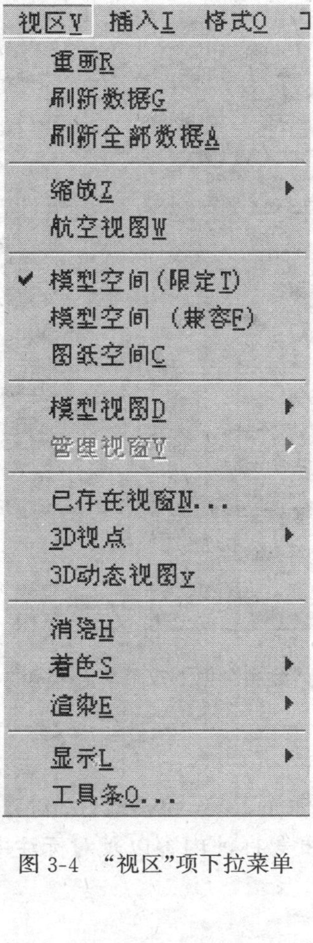

3)"视区"项：

"视区"项下拉菜单见图 3-4。用于图形显示控制，除前述常用的图形显示控制功能外，还包括"重画"、"图形空间"选择、三维视图效果等。"工具栏"的控制也在此项中。

4)"插入"项：

"插入"项下拉菜单见图 3-5。用于插入对象，包括块、外部引用、光栅图像、3DS 对象、ACIS 实体、Windows 图元文件、Postscript 格式文件和 OLE 对象等。

5)"格式"项：

"格式"项下拉菜单见图 3-6。用于各种格式的定义与修改，包括图层、颜色、线型、文字、标注、点、多义线的格式，还包括单位、厚度、图形界限的设置，以及对具有各种特性项的重命名项。

6)"工具"项：

"工具"项下拉菜单见图 3-7。该项是 AutoCAD 为辅助绘图提供支持的工具箱。包括拼写检查、显示顺序、查询、加载应用程序、外部数据库、对象捕捉、绘图辅助，还包括数字化仪设置、自定义菜单加载、系统设置等。

7)"绘制"项：

"绘制"项下拉菜单见图 3-8。该菜单提供的绘图命令，它含有二维线、三维线、圆等实体绘制，还包括了文字工具等。

图 3-4 "视区"项下拉菜单

35

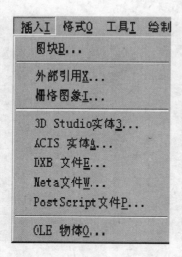

图 3-5 "插入"项下拉菜单

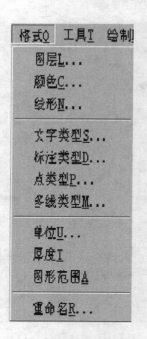

图 3-6 "格式"项下拉菜单

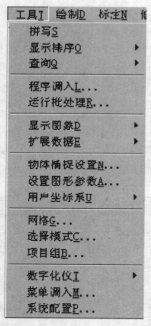

图 3-7 "工具"项下拉菜单

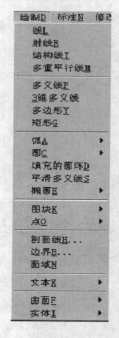

图 3-8 "绘制"项下拉菜单

8)"标注"项：

"标注"项下拉菜单见图 3-9，该项提供 AutoCAD 内部各种标注工具，包括线性、对齐、坐标、基线连续、引线等标注方式，还提供了半径、直径、角度等标注内容以及对标注中文字和样式进一步编辑功能。

9)"修改"项：

"修改"项下拉菜单见图3-10，该项包含了实体的特性修改、特性匹配、对象修改以及实体的删除、复制、线条的圆角、倒角等多种实体编辑命令，另外还包括对三维实心体的操作、布尔运算、块的分解等。

图3-9 "标注"项下拉菜单

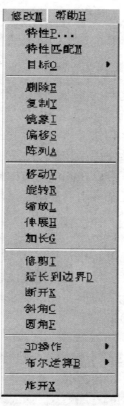

图3-10 "修改"项下拉菜单

10)"帮助"项：

"帮助"项下拉菜单见图3-11。启动该项菜单内容可以访问AutoCAD所有的联机帮助文件，在帮助文件使用上与Windows帮助文件操作类似，检索方便。此外，还包含AutoCAD快速指南、新特性、学习助手，连接Internet，对上网用户可以连接到AutoCAD网站，获取关于AutoCAD的新信息，"关于AutoCAD"是该版的版本信息。

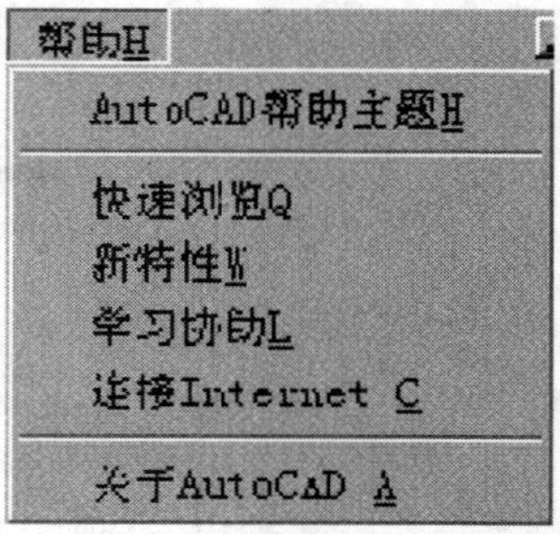

图3-11 "帮助"项下拉菜单

(3) 工具栏

AutoCAD R14版将几乎所有的命令都制成工具栏上的按钮。这些命令根据不同的特征被分类组成不同的工具栏中。一般地，AutoCAD主窗口缺省显示四个工具栏："标准工具栏"、"对象特性"工具栏、"绘图"工具栏和"修改"工具栏。

1)"标准"工具栏：

包括如新建、打开、存盘、编辑、视图控制、联机命令、图形打印等常用命令的工具，

"标准"工具栏如图 3-1 所示。

2)"对象特性"工具栏：

包括对象及其特性的建立、保存和显示，尤其是对层、线型、颜色的控制更为简捷，"对象特性"工具栏如图 3-1 所示。

3)"绘图"工具栏：

包括诸如绘制线、圆、矩形、圆弧、文字等多数实体生成命令。"绘图"工具栏如图 3-1 所示。

4)"修改"工具栏：

包括诸如复制、移动、旋转、倒角、圆角等多数图形编辑命令。"修改"工具栏如图 3-1 所示。

系统中还有其他工具栏如尺寸工具栏、插入工具栏、实体工具栏、视点工具栏等，用户可以随时激活使用。选择"视区"菜单中的工具栏，即可弹出"工具栏"对话框。选中某项工具栏后，就可以在图形窗口内显示该工具栏。所有的工具栏都可以显示出来，并可以在图形窗口中任意移动，浮动于该区域并不影响图形的本身。也可以通过此对话框定制自己的用户工具栏。

（4）图形窗口

图形窗口见图 3-1 所示。在缺省状态下，该窗口一直是最大的窗口，其大小也可以调整，所有绘图、图形编辑、显示均在此窗口中进行。图形窗口右边有垂直滑动条，底部有水平滑动条，可用于使图形在屏幕上移动。

（5）文本窗口

文本窗口如图 3-12 所示。该窗口是与图形窗口相对应的一个窗口。它用于显示 AutoCAD 所有操作过程中的命令与执行过程情况。该窗口同样也具有垂直与水平滑动条，可用它查看各阶段的操作情况，查看查询的信息等。通过 F2 键来与图形窗口进行切换。

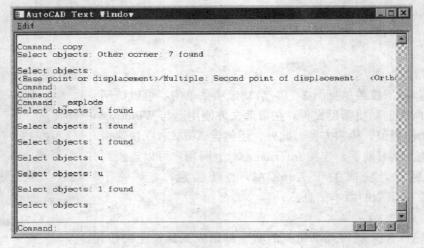

图 3-12 文本窗口

（6）命令行区

命令行区是固定设置显示行数的文本窗口。通常只定义三行，位于图形窗口下面，用以查看 AutoCAD 当前命令的执行情况。命令行区右边与底部都有滑动条，如图 3-1 所示。

（7）状态栏

状态栏位于 AutoCAD 主窗口的底部，其内容包括当前光标位置坐标，辅助绘图功能开关，如"捕捉"、"栅格"、"正交"、"对象捕捉"、"模型"、"平铺"。对这些按钮双击就可以进行状态的切换，当字显黑后，表示状态打开（ON）。当字呈灰色，表示状态关闭（OFF）。其中"模型"按钮是进行模型空间与图纸空间的切换。如图 3-1 所示。

2．绘图操作过程

在这里，我们将新建一个以图 3-1 为标准的图形来说明 AutoCAD 绘图的一般步骤。

（1）新建图形

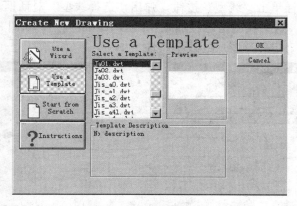

图 3-13　状态栏

进入 AutoCAD 后，新建一个图形可通过在命令行键入"NEW"命令，或选择"文件"菜单中"新建"命令，或单击"标准"工具栏中"新建"按钮 来实现。

AutoCAD R14 版在每次创建新图形时都会自动启动"设置向导"。其中包含了使用向导进行辅助绘图设置，使用缺省的内部辅助绘图设置，使用由用户设置好的样板文件，这里还包括一个教你如何使用"设置向导"的"简介"选项。AutoCAD R14 版提供了一些含有标准设置的样板文件。用户也可以根据本专业工作的特点设置绘图环境，并将该图形存为样板文件，以备后用。这些设置在绘图过程中也可以随时改变。AutoCAD R14 版这种功能类似于旧版中的标准图 ACAD.DWG 的功能作用。新版该功能的优点在于绘图环境的标准配置可供选择的种类增多，多专业工作的操作也方便了。在"设置向导"中，我们选择标准样板文件"JA01.Dat"来设置所画图形的绘图环境。如图 3-13 所示。

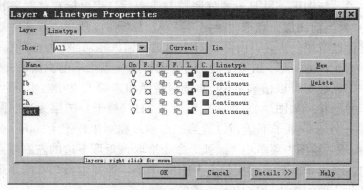

图 3-14　"图层与线型特性"对话框

(2) 设置图层与线型

AutoCAD 在缺省状态下图层只有零层,线型只有连续线。其他图层和线型还需用户来设置。用户可以在命令行中键入"Layer"命令,或选择"格式"的菜单中图层命令,或单击"对象特性"工具栏中"图层"按钮 ⬚ 三种方式来进行图层的设置与管理。单击 ⬚ 弹出"图层与线型特性"对话框,如图 3-14 所示。单击"新建"可以分别创建 Tb(桌子)、CH(椅子)、TEXT(文字)、Dim(标注)四个图层。图层创建后,就可以定义选定层的颜色、线性等特性。单击"颜色"按钮弹出"选择颜色"对话框,任选其中一种颜色来确定所选图层的颜色特性。同样单击"线型"按钮,弹出"选择线型"对话框。对话框中显示线型的名称、外观、说明。这些线型是已经加载在图形中以备选用,如图 3-15 所示。从中我们可以选择一种线型来确定所选图层的线型特性。

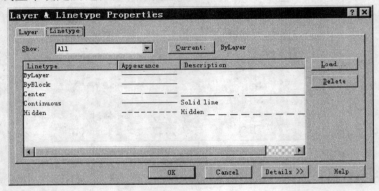

图 3-15 "图层与线型特性"对话框

当图形中所含的线型种类不满足要求时,还需要将所需的线型加载到图形中。单击"对象特性"工具栏中"图层"按钮 ⬚ 弹出"图层和线型"特性对话框,单击"线型",单击"加载",弹出"线型加载或重载"对话框,从可用线型中选取所需线型。线型样式的源文件在 ACAD.LIN 文件中。用户可以编辑此文件来创建新的线型。线型加载,除了上述方法外,还可以在命令行中键入 LINETYPE 命令或"格式"菜单中的"线型"命令来完成。

(3) 图形绘制

绘制如图 3-1 所示的一整套桌椅,并有文字说明、尺寸标注。该图的绘制可以由如下基本步骤实现。在进入新图形,并且设置好图层与线型后,用鼠标在"对象特性"工具栏中设置 TB(桌子)为当前图层。点取"绘制"菜单,见图 3-8 所示,单击"矩形"命令在图形窗口内适当位置点取第一点,再由命令行中由键盘输入相对坐标@2000,900,屏幕上生成一个长 2000,宽 900 的矩形。再重复此命令,光标第一点拾取前次所画矩形的右上角点,采用对象捕捉中交点捕捉可以精确定位,再通过键盘输入第二点相对坐标@-900,-200。至此绘出了桌子的形状。如图 3-16 所示。再设置 CH(椅子)图层为当前图层,同样采取"矩形"命令,第一点选取桌子下适当位置第二点输入相对坐标值@500,500,画出了边长 500 的矩形。再点取"绘图"菜单中"圆弧"命令拾取该矩形下边的左右端点作起止点,以垂直向下为方向,绘出半圆弧。然后键入 TRIM 命令,选择边长 500 的矩形,确认后,点取其下边即可将此边剪掉。由此完成了椅子的绘制。

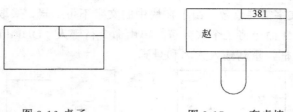

图 3-16 桌子　　　　　图 3-17 一套桌椅

完成椅子绘制以后，再设定 TEXT 图层为当前图层。使用 TEXT 命令，确定输入文字的位置字高、旋转角度，键入"赵"和"381"文字。到此就完成了一套桌椅，如图 3-17 所示。其他三套，除文字不一样，桌椅形状与尺寸一样，可以由复制（Copy）、阵列（ARRAY）或定义块来实现。

现在我们将已绘好图形定义为块 B-1。在命令行键入 Block 命令或在绘图菜单选择"块"、"创建"或单击"绘制"工具栏中"定义图块"按钮，弹出"定义图块"对话框，在块名项中填入 B-1，如图 3-18 所示。用鼠标选取已绘图形，选择插入基点后即可生成块 B-1。原图随之消失，再键入 oops 命令后原图恢复，而块则隐于图形内。

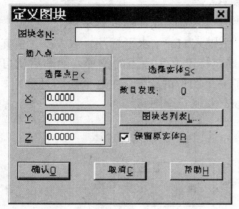
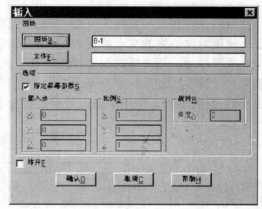

图 3-18　"定义图块"对话框　　　　　图 3-19　"插入"对话框

我们再单击绘图中的"插入块"按钮，或选择"插入"菜单中的块命令，弹出"插入"对话框。如图 3-19 所示。单击图块按钮，就可以看到我已定义的块名 B-1。选择 B-1，单击确定，选择适当位置确定插入点，并输入 X、Y 轴比例因子（默认为1），旋转角（默认为0），我们取默认值回车即可。如图 3-20 所示。

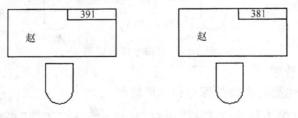

图 3-20　插入块 B-1

如此重复两次，就完成了所有桌子椅子的绘制。但现在四张桌子上文字完全一样，如

图 3-21 所示，因而文字需要修改。由于在块中的文字不可编辑，采取 Explode 命令或"修改"菜单中的"分解"命令将三个块分解。再由命令行键入"DDEdit"文字编辑命令，弹出"文字编辑"对话框，重新输入人名和号码。

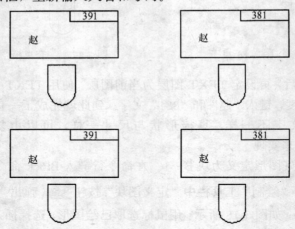

图 3-21 四套桌椅

最后来实现尺寸标注。单击"标注"菜单中"线性"命令或在命令行中键入"DIM"命令。使用对象捕捉的交点捕捉。在 DIM 命令执行中键入 Hor（水平标注）或 Ver（垂直标注）进行标注，用光标选取要标注的桌子角点，确定标准文字适当的位置，回车后就可以确定尺寸标注。如图 3-22 所示。至此，我们完成了一个图形的绘制。在这个绘图过程中，在图 3-21 到图 3-22，使用了图形显示控制命令 Zoom 来观看全图。

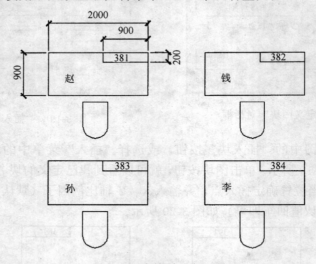

图 3-22 桌椅平面布置图

（4）图形文件的管理

图形文件的管理主要是文件的保存和图形输出。

文件保存可以由单击标准工具栏"保存"按钮 ▣ ，或"文件"菜单中"保存"，或键入"save"等，就出现"保存"对话框，输入图名、指定存图路径即可。图形文件的保存应随时进行以防停电、死机等不测。AutoCAD 提供了自动存盘功能。在命令行中键入 Savetime，输入自动存盘时间，默认值为120min。设置较短的自动存盘时间将会为你挽回一些损失。自动存盘文件是 Auto.sv$，将它改名为 DWG 文件就是你最后一次自动存盘时的工作内容。

图形输出是计算机辅助绘图的最后一步。利用绘图机和打印机将工作成果打印在图纸上。我们键入 Plot 命令，或选择"文件"菜单中的"打印"命令，或单击"标准"工具栏上"打印"按钮，就会弹出"打印"对话框。在对话框中选择打印设备，定义笔宽与笔型、打印范围、图纸大小、输出方向、打印比例，再进行打印预览，若合适后单击"确定"就可以实现图形在图纸上绘制。

前述是 AutoCAD 绘图的基本过程。用户还可以通过其他绘图技巧来实现，但绘图的方法与所述主要过程相同。

3.2.3 AutoCAD 基本命令分类

AutoCAD 命令很多，常用命令简要分类如下：

1. 绘图命令

LINE—绘直线
DLINE—绘双线
POINT—绘点
CIRCLE—绘圆
ELLIPSE—绘椭圆
ARC—绘弧
RECTANG—绘矩形
PLINE—绘多义线
BPOLY—多义线封闭曲线边界
POLYGON—绘多边形
DONUT—填充圆或圆环
SOLID—填充区域
TRACE—绘宽度线
TEXT—写文字
DTEXT—动态写文字
DIM—标注尺寸命令

2. 编辑命令

ERASE—删除图形
OOPS—恢复被删除图形
COPY—图形复制
MOVE—图形移动
ROTATE—图形旋转
SCALE—图形放缩
MIRROR—图形镜像
STRETCH—图形拉伸
ARRAY—图形阵列
FILLET—圆角

CHAMFER—倒角
TRIM—图形裁切
BREAK—图形切断
EXTEND—延伸线
EXPLODE—分解块
OFFSET—同心平行复制
MEASURE—测量实体长度
DIVIDE—等分实体
U（UNDO）—取消命令
CHANGE—修改实体特性
PEDIT—多义线编辑

3. 绘图环境设置命令

LIMITS—图形界限选项
GRID—显示栅格
SNAP—捕捉栅格
UNITS—绘图单位设置
LTSCALE—线型比例设置
OSNAP—设置目标捕捉方式
ORTHO—正交状态设置
AXIS—坐标刻度设置
FILL—填充状态设置
DRAGMODE—动态牵引状态设置
QTEXT—快建文字显示方式
STATUS—显示作图的各种状态和参数
APERTURE—捕捉方框大小设置
BLIPMODE—十字标状态设置
TIME—计时
SAVETIME—自动存盘时间
ISOPLANE—设轴测图状态

4. 图形显示命令

Zoom—图形缩放命令
PAN—图形平放显示
DSVIEWER—鸟瞰视图
REDRAW—重画
REGEN—重生成

5. 层与线型

LAYER—定义层
LINETYPE—定义线型
COLOR—定义颜色

6. 块与属性
BLOCK—定义块
WBLOCK—定义存盘之块
INSERT—块插入
MINSERT—矩阵式块插入
ATTDEF—定义属性
ATTDISP—属性显示控制
ATTEDIT—属性编辑
ATTEXT—属性输出
7. 辅助绘图命令
DIST—测量距离
ID—定点坐标及点定位
LIST—列出指定实体信息
CACULATOR—计算器
AREA—测量封闭区域面积
PURGE—清除图中无用信息
SH—在 AutoCAD 内使用 DOS 命令
HELP/？—帮助
8. 三维命令（略）
9. 图形命令
DXFOUT—输出 DXF 文件
DXFIN—由 DXF 文件输入
DXBIN—由 DXB 文件输入
IGSOUT—IGES 格式输出
IGSIN—由 IGES 格式输入
IMAGE—光栅文件输入
10. 系统管理命令
OPEN—打开文件
SAVE—存盘
SAVES—另存
FILES—文件管理
CONFIG—系统配置
PLOT—图形输出
QUIT—退出
MENU—加载菜单文件
SCRIPT—执行命令文件
RESUME—恢复执行命令文件
RSCRIPT—重复执行命令文件
这些 AutoCAD 常用命令在命令行中键入即可执行。AutoCAD 为了一些常用的命令在输入时更加简捷,还提供了一种使命令简化的方式。如在 ACAD.PGP 中设置格式为:c,*copy,于是在命令行中键入 C 就可以执行 Copy 命令。用户可以在 ACAD.PGP 按此格式编辑自己的一套简化命令。下面提供一些以供参考。

; Command alias format:

; <Alias>, * <Full command name>

A,	*ARC	LA,	*LAYER
AR,	*ARRAY	LI,	*LIST
B,	*BREAK	M,	*MOVE
BL,	*BLOCK	MI,	*MIRROR
CI,	*CIRCLE	OP,	*OPEN
CH,	*DDCHPROP	O,	*OFFSET
CM,	*Chamfer	P,	*PAN
C,	*COPY	PL,	*PLINE
D,	*Dim	RE,	*REGEN
DD,	*DDedit	RO,	*Rotate
DA,	*DDMODIFY	S,	*Stretch
DI,	*DIST	SC,	*Scale
E,	*ERASE	T,	*TRIM
Ep,	*EXPLODE	TE,	*Text
EX,	*EXTEND	Wb,	*Wblock
F,	*FILLET	DT,	*DTEXT
I,	*INSERT	Z,	*Zoom
L,	*LINE		

3.2.4 AutoCAD 的功能定义键

AutoCAD R14 版虽然实现了全面的用户集成界面,所需命令都可以从界面上找到,但由于采用鼠标操作有时效率不及键盘输入,在此有必要将 AutoCAD R14 版定义的部分功能热键介绍一下,熟练掌握后可加快绘图速度。

F1—求助

F2—文本窗口与图形窗口切换

F3—捕捉方式开关

F4—数字化仪开关

F5—等轴测模式开关

F6—动态显示光标坐标开关

F7—网点开关

F8—正交模式开关

F9—网点捕捉开关

F10—状态栏显示开关

Ctrl+N—新建文件

Ctrl+O—打开文件
Ctrl+S—存盘
Ctrl+C—从图形窗口到剪切板复制
Ctrl+X—从图形窗口到剪切板剪切
Ctrl+V—从图形窗口到剪切板粘贴
Ctrl+Y—重做
Ctrl+Z—放弃
Ctrl+P—打印
Del—清除
ESC—取消正在执行的命令

3.3 AutoCAD 绘制建筑结构施工图实例

3.3.1 建筑结构施工图制图特点

在建筑设计行业有这么一种说法："建筑是龙头，结构是骨架"。这句话说明了结构工程专业是一个起到支撑作用的专业。结构工程师运用他们的聪明才智进行精确的力学分析和恰当地运用建筑材料，依据国家规范和行业规则来绘制施工图纸，用以指导施工人员进行建筑施工。在工程建设中，结构施工图是进行材料的运用和施工工艺选择依据，是将建筑师的抽象的作品能在真实三维空间中安全、经济地实现的指导。一个好的结构工程师，不仅能反映出建筑师的精巧构思，表达建筑之美，也能以其独特的技术匠心体现出结构之美。结构施工图是结构工程师的最终劳动成果，因而它是整个工程建设中的关键一环。结构施工图与建筑、设备以及其他专业的施工图相比有其自己的特点。

1. 结构施工图绘制对象

建筑结构工程设计所涉及的对象常见的有砖混结构，如多层的住宅、办公楼、学校、医院、厂房等建筑；排架结构，如厂房建筑；框架结构、框架-剪力墙结构、剪力墙结构、筒体结构，如商场、综合楼、高层住宅等建筑。这些对象从绘图表达方式来分有砖混结构、钢筋混凝土结构、钢结构三种结构形式。

2. 结构施工图绘制内容

结构施工图是进行施工的依据。施工单位根据结构施工图所描述的尺寸、材料选择与配筋，如构件的截面尺寸、钢筋等级、直径、数量、形式、长度及配筋位置，砖、砂浆、混凝土的强度等级等，还要为施工指导提供必要的文字说明。因此，结构施工图绘制内容可以归纳为四项：结构布置图（模板图）、配筋图、大样图、施工说明。

3. 结构施工图的绘制方法

在采用计算机辅助设计以后，结构施工图的绘制方式可以分为两种。

(1) 自动化设计方式

在这种方式中，一切按预先编写好的计算机辅助绘图软件规定的程序进行自动化绘图工作。除了必要的原始工程设计参数输入外，在进行过程中不需要设计人员进行干预就能自动绘图。这种方法在绘制施工图上实现了自动化绘图。当绘图系统编制比较完善就能满足结构施工图绘制的大部分要求。此绘图方式以其效率高、精确度高，尤其能将结构计算结果自动地按建筑要求和规范要求直接生成施工图而深受广大结构工程设计人员欢迎。这类比较成熟的软件有 PKPM 系列，其自动绘图软件可以根据 PMCAD 所建模及结构计算结果按要求自动绘制成结构施工图，以 *.T 文件保存。此 *.T 文件可以转化为 AutoCAD 的 Dwg 图形文件格式保存。另外，还有直接以 AutoCAD 系统作为开发平台的计算机辅助设计软件。这类软件以 AutoCAD 为基础，软件既包括初处理、结构计算，也包括将结构计算结果自动生成结构施工图。如清华大学建筑设计研究院的 TUS、TUSCAD 软件。

（2）交互式设计方式

这种方式需要在工程师不断干预下，以人—机对话方式的交互作业来完成施工图的绘制。最基本的交互式设计方式就是完全利用 AutoCAD 基本命令来完成每个实体的绘制工作，最终形成施工图。这也是目前工程设计人员的日常工作方法之一。交互式绘图方式能适应错综复杂的多因素变化情况，适用于设计对象难以用精确的模型来描述的情况。因而这种方式的工作效率通常较低。当然，一个能熟练运用 AutoCAD 的专业人员，合理地使用 AutoCAD 提供的各项功能，工作效率也可以明显提高。如建立标准图库供调用，利用 AutoCAD 进行二次开发实现部分参数制图、块、属性等高级功能使用等。

实际工作中很少通过完全的自动化绘图或完全的最基本人—机对话的交互式绘图，而是两者的综合使用，扬长避短，提高工作效率。同时，结构工程师和软件工程师正在利用结构工程的技术性强、变化性小、定性、定量的工作多的特点，加紧地对 AutoCAD 进行二次开发，使得在结构施工图中的自动绘图方式的比例加大，辅以交互式输入来完成精美、准确的结构施工图。

3.3.2 建筑结构施工图常用表达方法

依照结构施工图绘制对象来划分有：砖混结构、钢筋混凝土结构、钢结构。其中钢结构不多见，在此略去，仅谈谈前两种结构型式的施工图表达方法。

1. 砖混结构

计算机辅助绘图与传统的手工绘图所表现的方法基本一致。它所包含的内容有：基础布置图、基础配筋图、楼屋面的结构布置图（含有墙厚、开洞、构造柱、圈梁、预制板、梁等布置）、大样图（含有挑梁、挑檐、雨篷、饰面、楼梯）等，此外还含有材料、施工指导等文字施工说明。采用 AutoCAD 辅助绘图后，对定型的砖混结构，由于大样图、施工说明等可以建立标准图库供选用，因而设计效率明显加快，缩短了设计周期。砖混结构中也含有梁等钢筋混凝土构件，其表达方法见下述。

2. 钢筋混凝土结构

这种结构的施工图绘制的表示方法在采用计算机辅助绘图后，涌现出多种方式。常见方法有传统的整体表示法、梁柱分离表示法、梁柱表表示法、平面表示法等。

传统的梁柱整体表示法，同手工绘图相同，主要绘制反映整个结构的立面图、剖面图。这种方式优点是将结构中的构件尺寸、数量、位置都直接在整体上绘制出来。此法整体性强，关系明确，易于读图，便于施工，对施工单位的技术人员要求不高。缺点是绘制的图形都是针对各个构件，标准化程度低，绘制的成果由于工程的变化几乎无可重复利用的价值；又由于制图过于繁琐，会因设计人员自身因素而易造成错误；当结构体系复杂时，有时难以用简明的方式表达；绘图的图幅大，图纸量较多等。

梁柱分离式表达方法是对梁柱整体表达方法的进一步改进。优点在于采取标准构件归并的方法来绘制，实现部分标准化制图，减少了占用图幅，减少了图纸量。缺点是整体性差，易造成梁柱标注错误，给施工带来一定难度。

梁柱表的施工图表示法在广东等地区比较流行。一张梁柱表的施工图由两部分组成，一部分是以构件的剖面形式、钢筋布置形式等图形组成的图例，以及由文字说明组成的说明部分；另一部分由反映前示剖面等图例的参数表格，填写表格内容来表达选取的剖面形式及具体的钢筋数量。

梁柱表的施工图表达方式优点在于实现了标准化制图，易于对AutoCAD进行二次开发，直接将结构计算结果按填表来处理，出图快，效率高，减少图纸量。缺点是技术员面对的不是直观的图形而是表格数据，填表易错而又不易核对，直观性差，对施工人员要求高。

平面表示法的施工图表达方式已经有了国家建筑标准。这种施工图表达方法也是由两部分内容来完成的。一部分是以梁柱节点构造形式、梁柱配筋形式、各种剖面等图形组成的图例部分，与梁柱表施工图表达方式相似。平面表示法已根据现行规范编制了建筑标准设计98G101，包含了大量标准节点施工方式等供选用。另一部分内容是以建筑专业提供的平面条件图，在AutoCAD中修改为结构平面图，以此平面图进行结构布置、梁配筋等数字标注。柱与剪力墙配筋以表来表示。板配筋同传统方法。

平面表示法施工图表达方式的优点是利用标准图例将结构设计的结果直接表达在建筑条件图上，既直观明了，又实现了标准化制图，大大加快了绘图的速度，提高了效率，也有利于施工。缺点是图纸量较大。

钢筋混凝土结构施工图表示方法很多，说明了工程师们在想方设法充分发挥和利用好计算机辅助设计工具来改进设计方法。但施工图的表达方法多也易造成混乱，也可能导致工程质量事故，因此我们期待着有一种高效的统一的计算机绘制施工图标准的出现。

3.3.3 建筑结构施工图实例

1. 砖混结构

［例3-1］ 某多层普通住宅，一梯两户，采用砖混结构。图3-23所示为标准层的结构平面布置图。图3-24所示为该结构的施工说明、圈梁及构造柱大样图。

施 工 说 明

1. 本工程室内地坪标高±0.000相当于绝对标高现场定。
2. 材料：所有混凝土强度等级均为C25，钢筋＝Ⅰ（φ），Ⅱ（φ）级，砖采用MU10普通砖；砂浆：底层墙体采用M10混合砂浆，二至四层墙体采用M7.5混合砂浆，五至顶层采用M5.0混合砂浆。
3. 本工程结构图中所注标高均为建筑标高，施工中应扣除各自不同的找平层及面层厚度再支模板。
4. 构造柱须每隔500mm伸出2φ钢筋与墙体拉结，钢筋伸入每边墙体内长度为1000mm或伸至门窗洞口边。
5. 多孔板选用苏G9401图集，节点构造按七度区节点构造详图施工。
6. 本工程所有梁、板、柱及墙体之间的相互连接均须按苏G9202《建筑物抗震构造详图》有关节点构造详图施工。
7. 屋顶水箱选用7t水箱。
8. 屋面找坡为结构找坡。
9. 凡门窗顶部无圈梁时须设过梁板（GB），过梁板长度为门窗洞口宽度加480mm，在每边墙体上的搁置长度为240mm；宽度同墙厚，遇构造柱时过梁现浇。

10. 底层楼梯间电表箱上须设过梁板。
11. 钢筋锚固长度：Ⅰ级钢 30d，Ⅱ级钢 40d，钢筋搭接长度；Ⅰ级钢 35d，Ⅱ级钢 45d。

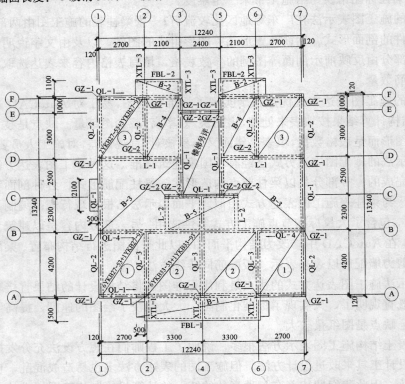

图 3-23 结构平面布置图

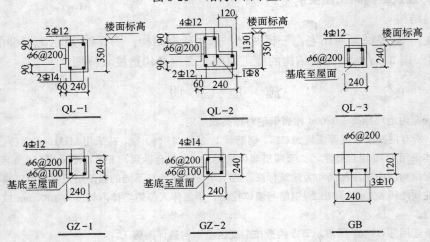

图 3-24 结构施工说明、圈梁及构造柱大样图

2. 钢筋混凝土结构

[**例 3-2**] 某多层办公大楼，采用钢筋混凝土框架结构。本例题以平面表示法来绘制结构施工图，图 3-25 所示为该结构框架柱配筋表，图 3-26 所示为标准层的结构平面布置图以及梁配筋图，还包括平面表示法的图例。图 3-27 所示为平面表示法梁的构造大样图。

[**例 3-3**] 某多层钢筋混凝土框架结构。本例题以梁柱表表示法来绘制结构施工图,图 3-25 所示为该结构框架柱配筋表,结构平面布置图如图 3-26 所示,图 3-28 所示为梁柱表表示法的梁配筋表,以及梁配筋表的图例。

[**例 3-4**] 某三层钢筋混凝土框架结构。本例题以梁柱整体表示法来绘制结构施工图。结构平面布置图如图 3-26 所示,图 3-29 所示为梁柱整体表示法的梁柱整体配筋图。

梁柱分离表示法绘制结构施工图与梁柱整体表示法绘图方法类似,在此略去。

[**例 3-5**] 本例题以楼梯配筋图来示意部分结构标准构件的参数化制图法。图 3-30 所示为钢筋混凝土楼梯配筋图。

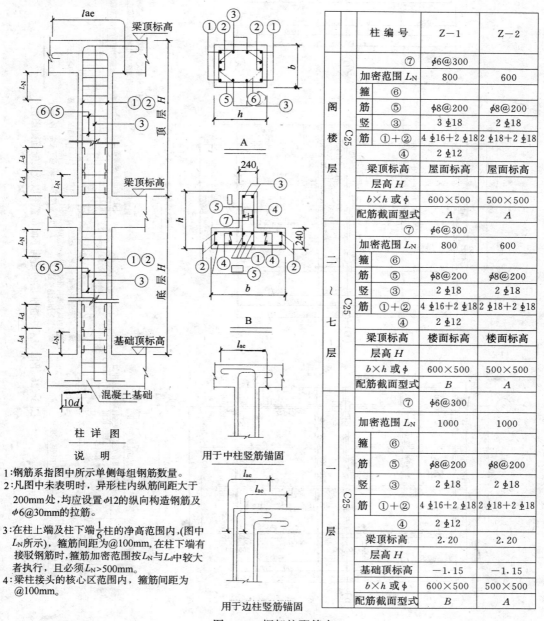

图 3-25 框架柱配筋表

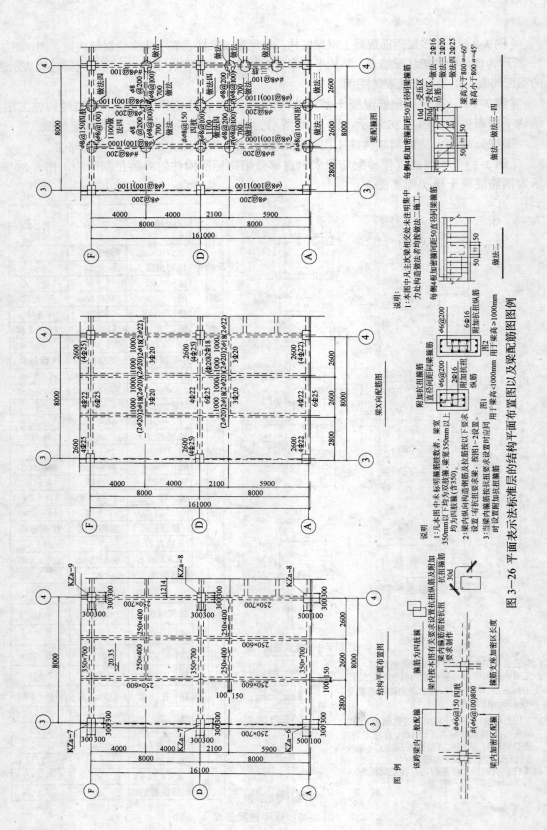

图 3—26 平面表示法示标准层的结构平面布置图以及梁配筋图图例

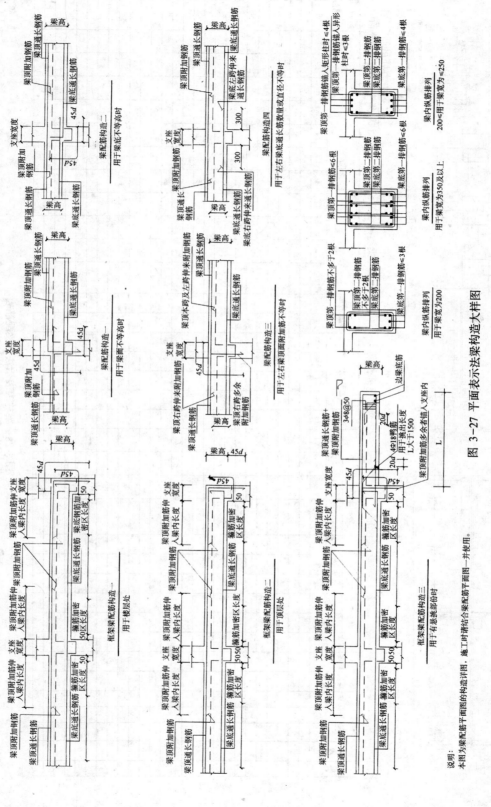

图 3-27 平面表示法梁构造大样图

说明：
本图为梁配筋平面图的构造详图，施工时请结合梁配筋平面图一并使用。

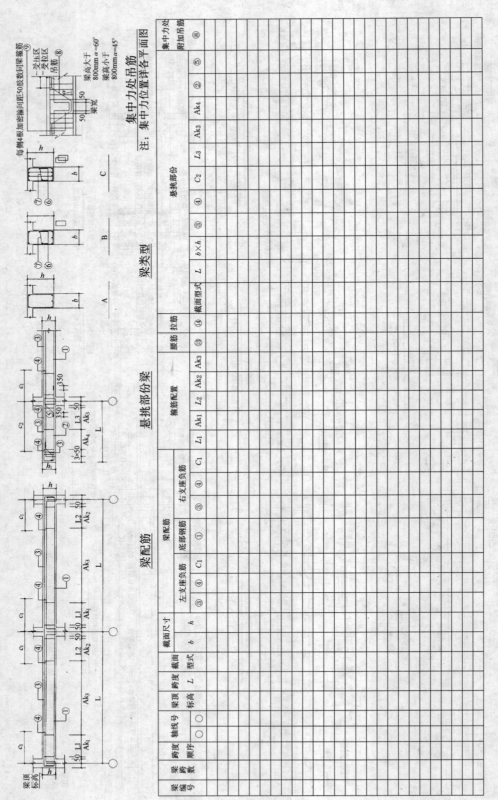

图 3-28 梁柱表示法的梁配筋表

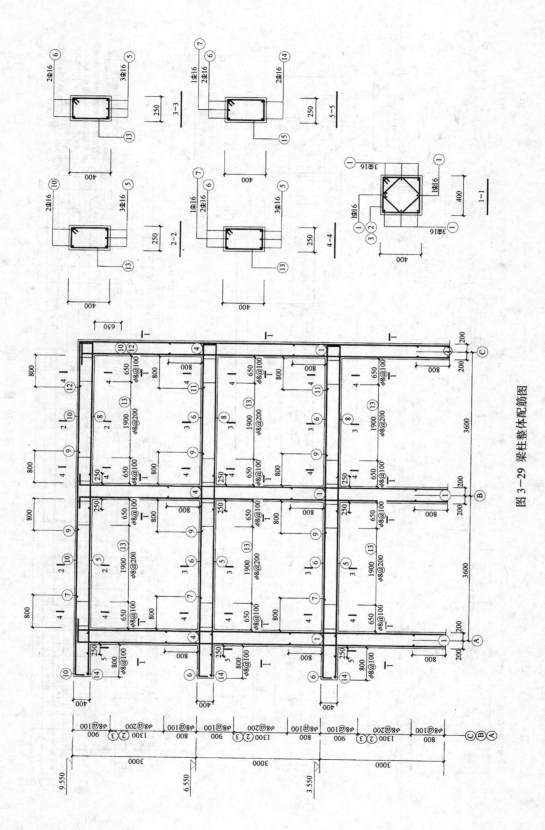

图 3-29 梁柱整体配筋图

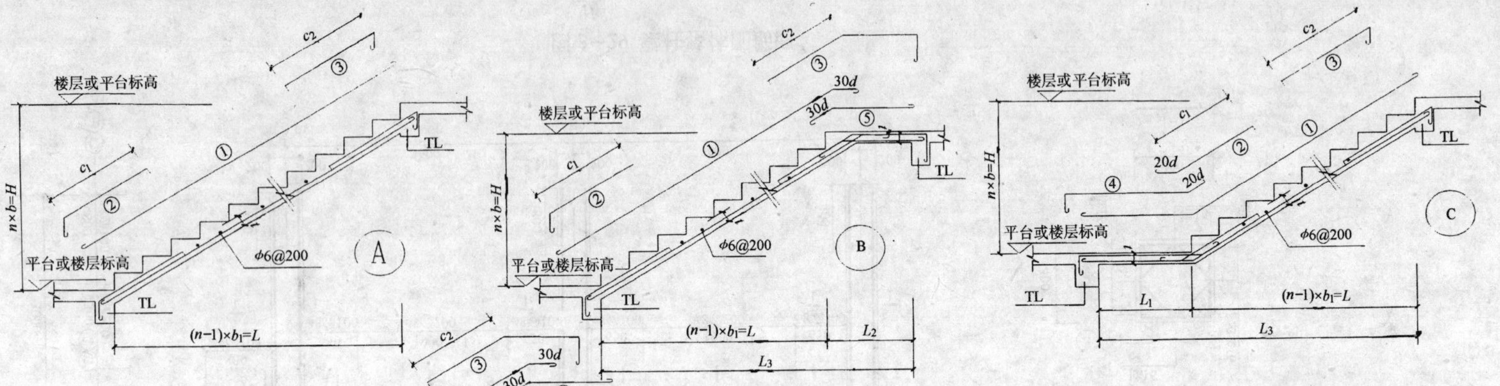

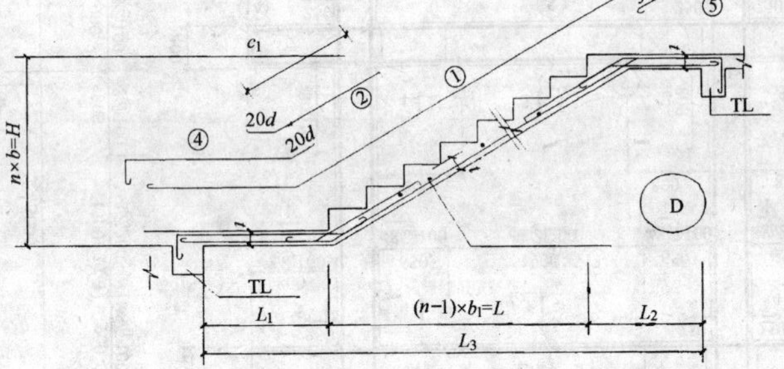

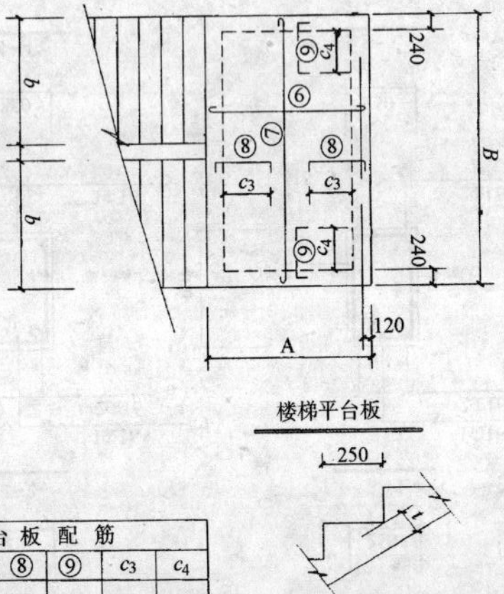

楼梯平台板

梯梁表

梯梁编号	断面尺寸 $b \times h$	跨度 L	底直筋 ①	底直筋 ②	架立筋 ③	箍筋 ④	楼梯编号

楼梯配筋表

楼梯编号	梯板编号	标高	类型	梯宽×厚 $b \times t$	高度尺寸 n	b	H	长度尺寸 $n-1$	b_1	L	L_1	L_2	L_3	梯板配筋 ①	②	③	④	⑤	c_1	c_2	备注

楼梯平台板配筋表

板编号	板面标高	平面尺寸 $A \times B$	板厚 t	平台板配筋 ⑥	⑦	⑧	⑨	c_3	c_4

说明

1：本图为楼梯配筋详图，楼梯梯段及平台梁的平面位置详楼梯结构布置图

2：楼梯混凝土强度等级同相应楼层的混凝土强度等级，钢筋为Ⅰ级，Ⅱ级

3：楼梯采用金属栏杆时，应根据建筑图要求预埋栏杆的埋件

4：楼梯梯板分布筋未注明时为φ6@200mm，(且每级不小于1φ6)

图 3-30　楼梯配筋图

3.4 AutoCAD 二次开发的方法

在 AutoCAD 平台上进行开发的方法有多种，归纳起来大致有三大类：
①利用各种形式与 AutoCAD 进行接口；
②通过 AutoCAD 提供的开发语言 AutoLisp、AutoC（ADS）、ARX 进行开发；
③使用 AutoCAD 块命令形成标准图形库的单元块法。

3.4.1 接口式的开发方法

1. 三种主要接口方式

（1）DXF 文件接口方式

AutoCAD 的图形以压缩的方式存储，所以用户编写的程序几乎不可能去获取这种图形的数据，但可以用一种 ASCI 码文本文件来描述它的图形各细节，这就是 DXF 文件，即图形交换软件。在图形编辑状态下键入 DXFOUT 命令把已有的图形转化为 DXF 文件，可以实现与 FORTRAN 等高级语言进行图形参数交换。当一个图形数据库的 DWG 文件转换成 DXF 文件进行读取、加工处理。经处理后的 DXF 文件，在图形状态下用 DXFIN 命令，即可生成一个 AutoCAD 图形，又转换成图形格式 DWG 文件，从而实现了高级语言对图形的处理，达到设计者的要求。

DXF 文件可以完美地与 FORTRAN、BASIC、PASCAL 等语言连接。但其格式非常复杂，应用程序编写难度大。随着其他接口方式的出现，使 DXF 相形见绌。特别对一般开发者，已没有必要再编写 DXF 格式接口文件。

（2）SCR 文件接口方式

SCR 文件又叫命令文件。它是由一组 AutoCAD 命令组成的文件。AutoCAD 提供了一种允许从文本文件中读取和执行命令组的功能，利用这种功能就可以执行命令文件中预定的命令序列，实际上就是提供了一种全自动计算机辅助设计功能。

SCR 文件也是文本文件，各种命令格式是已规定的。这样就可以用 FORTRAN、BASIC、DBASE Ⅲ 等编程，来形成 SCR 文件。对应不同参数就可以自动绘出不同的图形。

在结构 CAD 中，由于 FORTRAN 的科学计算功能很强，如果利用它编写形成 SCR 接口的功能子程序，通过参数调用，于是就似乎变成了用 FORTRAN 直接绘图，相比较而言，无论在编程还在运行上，效率比 BASIO 与 DBASE 强。

当然 C 语言也能做到这一点，甚至更好。但目前，结构分析软件绝大多数由 FORTRAN 编写。为了统一性，SCR 常用 FORTRAN 编写，一些特殊情况就采用 C 语言编写。

（3）DWG 文件接口方式

这是一种以机器码进行接口的方式。当运行接口文件，就可直接生成扩展名为 DWG 的文件，即生成图形。在 AutoCAD 图形编辑状态下可直接打开，无需再生成。但是这种机器码接口却不能让高级语言去直接生成图形信息的机器码。运用这种接口方式的典型代表是 PKPM 系统。

2. 几种接口方式的比较

（1）功能

SCR 方式功能强，几乎可以调用 AutoCAD 所有的绘图、编辑以及其他辅助命令，DXF

方式次之，而 DWG 方式就没有利用 AutoCAD 的命令功能。

（2）程序编写

SCR 方式编写容易，只需知道 AutoCAD 命令格式即可。而 DXF 方式复杂，即使有了接口文件，其主程序编写仍要考虑 DXF 文件格式的顺序，编写困难，不易修改。DWG 方式只有专业人员才能编写，对一般的开发者则难以利用。

（3）运行速度

DWG 方式生成图形最快，SCR 方式次之，DXF 方式最慢。

（4）信息交流

DXF 方式的最大优点在于既可生成图形，又可从图形中读出信息，可以与数据库进行交流，而 SCR 方式和 DWG 方式皆不可从图形中获得信息。

3.4.2 内嵌式语言的开发方法

1. AutoLISP

LISP（List Processing Language）语言是迄今在人工智能学科领域应用最广泛的一种程序设计语言。LISP 是过去所有现存语言中最接近函数式语言的一种语言。由于它具有很强的绘图能力，AutoDESK 公司将其修改成为 AutoCAD 专用的 AutoLISP 语言。在进行图形设计时，我们可以将图形的各种条件归纳起来，用 AutoLISP 来描述图形，那么在执行编写好的 LISP 程序时，设计者只要回答一些设计条件后即可绘出所需的图形。编写结合了本专业设计的功能 LISP 程序库，就可以使 AutoCAD 变成 AutoCADD（计算机辅助设计绘图）软件。该语言的特点是：

（1）无需编译；

（2）交互方式好；

（3）程序易编写、易读；

（4）可用参数绘图；

（5）绘图效率高；

（6）执行速度稍慢；

2. ADS

ADS 为 AutoCAD 使用 C 语言开发系统，是一种用于开发 AutoCAD 应用程序的环境。C 语言也被该公司修改成 AutoC。以 ADS 为基础用 C 编写的应用程序，对 AutoCAD 系统而言，等同于 AutoLISP 写的函数。一个 ADS 应用程序不是作为单一的程序而写的，而是作为由 AutoLISP 解释程序的加载和调用的外部函数集合。两者在大多数功能相同，只是 ADS 应用程序在速度和内存使用上效率更高，可以进入一些设备，如主操作系统和硬件，优势也在于可开发交互式应用程序，而 AutoLISP 则做不到，但 ADS 在开发和维护上费用昂贵。

若利用 ADS 开发应用程序，必须对 C 语言、AutoCAD 和专业软件开发技术非常熟悉，而且首先熟悉 AutoLISP。

3.4.3 图形单元块的开发方法

AutoCAD 可以将一个由许多点、线等基本实体组成的图形定义为一个图形单元块。单元块以 DWG 形式存储，在用到相同的图形时就可以调用它以不同的比例、角度插入。既出图快，又节省大量的数据输入操作。

这种方式的开发，适用于图形中含有标准构件单元多的情况，如机械零件、建筑图等。由这些块形成图形库，在使用时供选择，经过组合、删减等编辑后，就可得到一张满意的图。

在结构CAD中，由于结构设计本身的千差万别和严肃的科学性，所以我们不便于象编制建筑图那样仅仅通过调用一些标准图就可组合成设计施工图。再者结构施工图中标准构件少，完全使用图形单元块效果并不好，如梁的截面，常见的有矩形、T形两种，但因配筋形式多样，若用块来操作，修改比较麻烦，将达不到省时省事的目的。

上述CAD开发方法各有优缺点。在实际的CAD开发中，一般并非单纯使用某一种方法，而是将几类方法综合起来，扬长避短，使CAD系统功能得到最佳组合，发挥最好的计算机辅助设计效益。

第4章 PKPM系列软件的应用与实例

4.1 PKPM系列软件概况

4.1.1 PKPM特点

PKPM系列工程设计CAD软件是集建筑、结构、设备为一体的集成系统，装有先进的结构分析软件包，容纳了国内最流行的各种计算方法，如：平面杆系，矩形及异形楼板，薄壁杆系，高层空间有限元，高精度平面有限元，高层结构动力时程分析，梁板楼梯及异形楼梯，各类基础，砖混及底框抗震分析等等；全部结构计算及丰富成熟的施工图辅助设计完全按照国家设计规范编制，全面反映了现行规范所要求的荷载效应组合，计算表达式，抗震设计新概念所要求的强柱弱梁、强剪弱弯、节点核心、罕遇地震以及考虑扭转效应的振动耦连计算方面的内容；在施工图设计方面，可完成框架、排架、连梁、结构平面、楼板计算配筋、节点大样、各类基础、楼梯、剪力墙等施工图绘制，并在自动配置钢筋、布置图纸版面、人机交互等方面独具特色，在砖混及底框上砖结构的结构CAD方面填补了国内空白。

随着计算机的升级换代，越来越多的设计人员开始使用Windows 95及其更高版本作为他们微机的工作平台。为适应这一新形势，1998年下半年PKPM CAD系列软件推出了Windows 95版本，它与原DOS版相比，使用更方便。本章所介绍的软件操作均以Windows版（98年12月版）作为讲述对象，DOS版的操作与其相似。

4.1.2 PKPM系列软件

1. PKPM系列结构软件简介

PKPM系列软件有多种模块和软件，下面分别介绍结构专业各软件的主要功能及其特点：

（1）结构平面计算机辅助设计软件PMCAD

该程序通过人机交互方式输入各层平面布置和外加荷载信息后，可自动形成整栋建筑的荷载数据库，作砖混结构及底框上砖结构的抗震分析验算，计算现浇楼板的内力和配筋，绘制出框架、框剪、剪力墙及砖混结构的结构平面图，以及砖混结构的圈梁、构造柱节点大样图。

（2）钢筋混凝土框排架及连续梁结构计算与施工图绘制软件PK

该软件采用二维内力计算模型可进行平面框架、排架及框排架结构的内力分析和配筋计算（包括抗震验算及梁裂缝宽度计算），并能根据规范及构造手册要求自动进行构造钢筋配置，绘制出框、排架的模板及配筋施工图，且有多种施工图绘制方式可供选择。

该软件计算所需的数据文件可由PM CAD自动生成，也可通过交互方式直接输入。

（3）多高层建筑结构三维分析软件TAT

TAT程序采用三维空间薄壁杆系模型，计算速度快，硬盘要求小，适用于分析、设计结构竖向质量和刚度变化不大，剪力墙平面和竖向变化不复杂，荷载基本均匀的框架、框剪、剪力墙及筒体结构（事实上大多数实际工程都在此范围内），它不但可以计算多种结构形式的钢筋混凝土高层建筑,还可以计算钢结构以及钢—混凝土混合结构。

TAT 可与动力时程分析程序 TAT—D 接力运行进行动力时程分析,并可以按时程分析的结果计算结构的内力和配筋,它还可接力 PK 绘制梁、柱施工图,接力 JLQ 绘制剪力墙施工图。

(4) 多高层建筑结构空间有限元分析软件 SATWE

该程序的剪力墙空间有限元模型是由壳元简化成的墙元,对楼板则给出了多种简化方式,可根据结构的具体形式高效准确地考虑楼板刚度的影响。它可用于各种结构形式的分析、设计。但当结构布置较规则时,TAT 甚至 PK 即能满足工程精度要求,因此采用相对简单的软件效率更高。但对结构的荷载分布有较大不均匀、存在框支剪力墙、剪力墙布置变化较大、剪力墙墙肢间连接复杂、有较多长而短矮的剪力墙段、楼板局部开大洞及特殊楼板等各种复杂的结构则应选用 SATWE 进行结构分析才能得到满意的结果。

(5) 高层建筑结构动力时程分析软件 TAT—D

本程序可根据输入的地震波对高层建筑结构进行任意方向的动力时程分析,并提供四种动力分析结果,用于二阶段抗震补充设计,本程序可与 TAT 接力运行,程序提供了 9 条各类场地地震波,也可由用户自己输入特殊地震波。

(6) 高精度平面有限元框支剪力墙计算及配筋软件 FEQ

本程序可对高层建筑中的框支托梁作补充计算。采用高精度平面有限元方法计算托梁各点的应力和内力,并按规范要求作内力组合及配筋计算,同时可计算墙体与托梁连接处的加强筋。

该程序中还包括了转换层厚板有限元分析计算,可自动划分单元,接力 TAT 上层荷载计算厚板的内力和配筋。

(7) 楼梯计算机辅助设计软件 LTCAD

采用交互方式布置楼梯或直接与 APM 或 PMCAD 接口读入数据,适用于一跑、二跑、多跑等十一种类型楼梯的辅助设计,完成楼梯内力与配筋计算及施工图设计,对异形楼梯还有图形编辑下拉菜单。

(8) 剪力墙结构计算机辅助设计软件 JLQ

设计内容包括剪力墙平面模板尺寸,墙分布筋,边框柱、端柱、暗柱、墙梁配筋,并提供两种图纸表达方式供选用。

(9) 钢筋混凝土基本构件设计计算软件 GJ

适用于各种普通钢筋混凝土独立构件的配筋计算、承载力计算、抗震设计计算、裂缝宽度及刚度挠度计算。

(10) 基础(独立基础、条基、桩基、筏基)CAD 软件 JCCAD

该软件包括了老版本中的 JCCAD、EF、ZJ 三个软件,可完成柱下独立基础,砖混结构墙下条形基础,正交、非正交及弧形弹性地基梁式、梁板式、墙下筏板式、柱下平板式和梁式与梁板式混合形基础及与桩有关的各种基础的结构计算与施工图设计。

(11) 箱形基础计算机辅助设计软件 BOX

本软件可对三层以内任意不规则形状的箱形基础进行结构计算和五、六级人防设计计算,并可绘制出结构施工图。

(12) 钢结构 CAD 软件 STS

钢结构 CAD 系统包括钢结构的模型输入、结构在平面内的受力计算及钢结构施工图辅助设计。STS 的建模数据还可与 TAT 和 SATWE 接口,完成钢结构三维空间杆系计算和有限元壳元计算。

(13) 预应力混凝土结构设计软件 PREC

本程序是在 PMCAD 和 PK 的基础上,增加了预应力计算及绘制相应施工图功能而成的。结构的建模可通过人机交互输入或在 PK 结构计算数据文件转化所建立的模型基础上增加预应力参数和预应力布置线型。施工图部分包括梁的预应力筋线型图及束形图和普通配筋图。

(14) 混凝土小型空心砌块 CAD 软件 QIK

在原 PMCAD 基础上,按设防烈度及房屋层数自动确定需要布置芯柱的位置和填实孔数,完成砌体结构的抗震计算及砌体的受压计算。可进行模数和非模数墙体的排块设计,绘制墙体排块立面图及芯柱平面图。

2. PKPM 系列各功能软件间的联系

PKPM 系列各软件间的数据互相联系,可以配套使用,也可以单独使用。PKPM 系列各功能软件间的联系可用图 4-1 所示的框图表示:

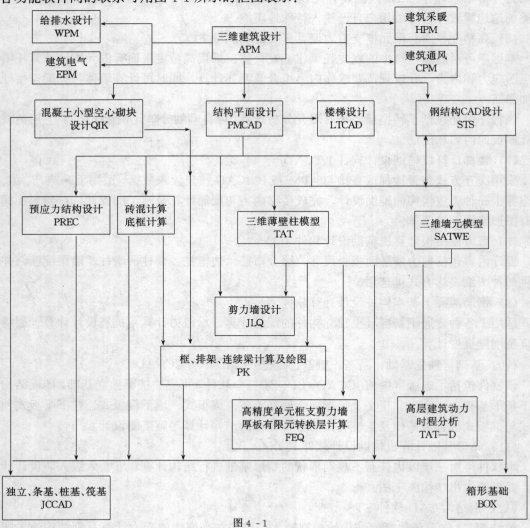

图 4-1

从图中可以看出，PMCAD 和 PK 两软件是上部结构计算各软件重要的前后处理软件。

4.2 PKPM 系列软件的运行环境及安装

4.2.1 硬件要求

不同的软件对设备的要求并不相同，表 4-1 以几种常用的结构软件为例，列出它们对硬件的要求：

表 4-1

软 件	硬 盘	内 存	输入设备	输出设备	最 佳 配 置
PMCAD、PK、JCCAD、BOX	≥16M	≥4M	键盘或鼠标	Windows 或 CAD 支持的打印机、绘图机	486 以上微机
PREC	≥20M	≥4M	同上	同上	
TAT	≥50M	≥4M	同上	同上	586 以上微机，1000M 以上硬盘，32M 内存
SATWE	≥500M	≥16M	同上	同上	4000M 以上硬盘，64M 或更大内存

由于 SATWE 是以空间有限元作为计算模型，所以它对硬件的要求最高。

4.2.2 运行环境

PKPM 系列软件可使用 Windows95、DOS 3.31 或更高的 Windows、DOS 版本的操作系统，它们的图形平台为 CFG。原始的 CFG 含义是中文 FORTRAN 绘图工具包，它与人们所熟悉的 AutoCAD 一样，具有丰富而方便的图形编辑功能，只是生成的图形后缀名为".T"。PKPM 系列各模块中均含有 CFG 功能菜单，因此可省去用户购买其他图形平台的开销。对已拥有并习惯使用 AutoCAD 图形平台的用户，CFG 也提供了将".T"文件转为".DWG"文件的转换功能。

运行软件时，加密锁必须插在计算机的并口上。不同模块的加密锁可通过一根并口线串接在一起，各模块软件锁也可串联一起插入机器并口使用，不能将多台计算机并、串接共享一个加密锁，否则加密锁会造成损坏。严禁在开机状态下插拔加密锁，否则极易损坏加密锁。

4.2.3 Windows 版本软件装配

1998 年 8 月后，本程序同时提供 DOS 版本和 Windows95 版，共同装载在一张光盘上，由用户任选其中一个版本。

1. 启动光盘或运行光盘上的 Setup 命令即启动了 Windows 版本的安装程序；
2. 按安装程序提示，选择软件安装所在的硬盘位置，缺省时为 C：\PKPM；
3. 选择所需安装的软件，可以安装 PKPM CAD 的所有软件，也可以选择个别软件，但 CFG 软件一定要安装。

最后程序会自动更新 Autoexec.bat 文件并在桌面上生成 PKPM 系列软件的标志图形，点该图标，即可启动 PKPM 主菜单。

Windows 版 PKPM 图形环境常见问题说明：

1. PKPM 软件中的 CFG 图形系统支持文件 CFGPATH 与 Device

安装PKPM软件时,图形环境部分安装在名称为CFG的子目录中。这两个文件管理了全套软件的运行路径与显示设置。

(1) CFGPATH 文件中记录了PKPM下各软件(如PMCAD、PK、APM……)所安装的路径(必须"\"结尾)及工作路径(PKPMWork)(结尾无须"\"),主菜单文件显示的当前页面(PAGE)(如"结构"、"建筑"、"设备"等)记录格式为纯文本,中间不能有空行,每两行为一组,前一行为名称,后一行为路径。

(2) Device 文件沿用了DOS方式下的文件,但在Windows环境下,主要起作用的是第一行第三个数,它控制了图形与界面上的字体显示方式,即取Windows字体还是取CFG字体,其意义如下表:

值	上下界面区域字体	中间图形界面中汉字	中间图形界面中字符
0	取Windows字体	取Windows字体	取Windows字体
1	取Windows字体	取CFG字体	取CFG字体
2	取Windows字体	取CFG字体	取Windows字体
3	取CFG字体	取CFG字体	取CFG字体
4	取CFG字体	取Windows字体	取Windows字体
5	取CFG字体	取CFG字体	取Windows字体

2. PKPM系列软件中的辅助工具

PM数据打包程序—PAK_PKPM,是将PKPM主菜单中设定的工作目录下所含的"*.PM"及"工程名.*"两类PM的数据自动压缩打包成工程名_.LZH文件,以便数据的备份及传输。工程名_.LZH文件释放可用Winzip等软件,也可用CFG目录中的LHA程序执行"LHAE 工程名_.LZH"来解压缩。

3. 英文Windows平台下PKPM软件的使用

在英文Windows平台下,如果安装上"中文之星"或"四通利方"等中文平台支持软件,就可照常使用PKPM软件。

但要注意有时在安装了多种中文支持平台后,由于它们在系统中有冲突,PKPM软件的汉字反而不能正常显示了。

4. 工程图纸中的标题栏与会签栏

在PKPM软件的Windows版中,不再使用BTL.TXT文本文件来加入标题栏,而使用图形文件BTL.T,若不存在则使用CFG目录下的BTL.T文件。

BTL.T文件的制作,可在图形编辑修改、打印转换工具-Modify中,按1:1比例画出,图面中所有图素的最右坐标与最下点坐标即为插入图框时的图框右下角坐标。

会签栏可与标题栏一起制作,但为了适应不同的图纸号要准备出多种BTL.T文件。

5. PKPM软件中的钢筋符号

在PKPM软件中钢筋符号设置在区位码为130(Ⅰ级钢筋)、131(Ⅱ级钢筋)区段上。

要在".T"图形文件中输入钢筋符号,可进入"图形编辑修改、打印与转换"程序后调出这张图,在下拉菜单中点取"字符"一项,选择"点取修改",用光标选择要插入钢筋符号的字串,在弹出的窗口中移动光标键至要修改处,用鼠标点取屏幕右下角"语言选择"图标"En",选择"区位键入法",再按住"Alt"键与右侧小键盘上的数字键组合输入数字130(Ⅰ级钢筋)或131(Ⅱ级钢筋)等等,输入完抬起"Alt"键后,弹出的字符修改窗口中可能并不显示钢筋符号或显示的是杂乱的汉字，不必理会这种现象，按 Enter 键继续，则图中所点取的字便会出现钢筋符号。

若要在 AutoCAD 中输入钢筋符号，需预先将 CFG 子目录中的 HZTXT.SHX、TXT.SHX 二个文件拷至 AutoCAD R14 的子目录 FONTS 中，在进入文字标注状态后（当前字体格式的 FONT Name 应为 TXT.SHX），输入"％％130"和"％％131"或处于区位键入状态按"Alt"+右侧小键盘上的 130 和 131，即输入Ⅰ级和Ⅱ级钢筋符号。

4.2.4 DOS 版本的安装

DOS 版本软件安装时，必须在 DOS 状态下，不能在 Windows 的 MS-DOS 窗口下安装，否则安装时会死机。

用光盘安装 DOS 版本的软件时，用户可以用 INSTALL 命令来安装。

如果计算机上没有光盘驱动器，可以找一台有光驱的计算机，将光驱上的内容倒换到若干张 3.5 寸软盘上（安装程序的倒换方法详见\CFG\README.txt 文件），再用小盘按下面的步骤安装：

1. 装入图形支撑软件 CFG

（1）起动微机，保持在 DOS 状态；

（2）将 CFG 系统盘的第一张盘片插入 A 驱动器，启动其中的 install 文件；

（3）当提示插入第二张装配盘时，换上第二张 CFG 盘←即可；

（4）用户根据自己的鼠标器或数字化仪，打印机，绘图机等安装情况，在 SETUP 菜单中选择配置。当用户机器上已装好自己的鼠标器时可不进行鼠标器的配置，在 AUTOEXEC.BAT 自动批处理文件中可不加入 POINTER 的执行程序；

（5）当装配完 CFG 系统后，应注意更改 C 盘根目录下的 CONFIG.SYS 及 AUTOEXEC.BAT 文件。CONFIG.SYS 文件中的 FILES 设置应在 30 以上，一般可取 FILES=40；AUTOEXEC.BAT 文件应对照 CFG 下的 AUTOEXEC.BAT 添加修改。若用户使用的是 ACADR12，还应将 FCAD.BAT 中的 REM SET ACADVER=12 一行的 REM 三个字母去掉；

（6）重新启动计算机，并确保当前的路径中含有 CFG 所在的子目录。

2. 分别拷入所选择的各软件

现以拷入 PMCAD 为例：在硬盘上建立一个子目录，名为 PMCAD，进入 PMCAD 子目录后键入 A:LODPMCAD，可自动将盘内文件逐一释放装入计算机。重复进行上述步骤（但需将命令中的 PMCAD 改成所装配的软件名，如 PK，JCCAD 等），即可将所需的软件全部安装。当用 B 盘装配时，键入 B:LODPMCAD←。

注意：

PMCAD 软件所装载的当前子目录名将在装载过程中被自动记录到 CFG 子目录中的 CFGPATH 文本文件中，用户可以在任何其他子目录中用菜单操作 PMCAD，因为执行 PMCAD 菜单时，程序首先从 CFG 子目录中读出 PMCAD 所在的路径位置，再直接从路径所指的 PMCAD 子目录中执行有关程序，这样可提高软件的运行速度。因此建议用户尽量不要将 PMCAD、PK 等软件所在的路径加到 PATH 中。

由于 AutoCAD R14 只能在 Windows95 及以上操作系统中运行，因此 DOS 版的用户只能使用 AutoCAD R13 以下的 CAD 版本，否则不能将".T"文件转换成".DWG"文件。

4.3 PKPM 系列软件（Windows 版）功能热键

PKPM Windows 版中改动最明显的热键是右侧小键盘上移动图形所用的光标键，与原 DOS 版不同处是要使用小键盘移动图形，现在必须要[Scroll Lock]键处于打开状态，[Num Lock]键处于关闭状态，以下是 PKPM 软件中常用的热键：

1. [F1]——功能帮助热键，在进行某些功能命令时，提供帮助信息。
2. [F2]——坐标显示开关，代号"CD"，打开时在屏幕下方显示坐标。
3. [F3]——点网捕捉开关，代号"CS"，打开时光标只停留在点网的节点上。
4. [F4]——角度捕捉开关，代号"DS"，打开时光标只停留在设定的角度线上。
5. [F5]——重显当前图形。
6. [F6]——显示全图。
7. [F7]——以图形区域中心为基点，放大一倍显示图形。
8. [F8]——以图形区域中心为基点，缩小一倍显示图形。
9. [F9]——设置点网捕捉值，共 5 个参数，分别为点网 X 向、Y 向间距，点网转动基点坐标（X_0，Y_0）及旋转角度，逆时针转动为正。
10. [Ctrl]+[F1]——状态显示开关，打开时显示一些主要热键的开关状态，显示形式用热键代号加"0"或"1"，"0"代表关，"1"代表开。
11. [Ctrl]+[F2]——点网显示开关，打开时按设定的点网间距和旋转角度显示点网。
12. [Ctrl]+[F3]——节点捕捉开关，代号"NS"，打开时，若捕捉靶套住图素的某一特殊点（端点、交点、垂足、中点、圆心等），一旦按[Enter]，则自动锁住其套住的特殊点，若捕捉靶中无这些特殊点，则取光标所在位置。
13. [Ctrl]+[F9]——设置角度捕捉值，可设置多个捕捉角度（≤10 个），同时可设置捕捉距离（d），若 $d=0$，表示任意长度，$d>0$ 时，d 表示为捕捉距离的模数（原 DOS 版中用[F10]键表示）。
14. [Ctrl]+[9]——修改捕捉靶大小（原 DOS 版中用[Ctrl]+[F9]表示）。
15. [S]——绘图过程中改变捕捉方式，只要捕捉靶套住图素，即能自动捕捉到设定的捕捉点，[Ctrl]+[F3]相当于该功能子目录中的自动方式。
16. [O]——绘图过程中，令当前坐标点为点网转动基点。
17. [U]——绘图过程中，后退一步操作。
18. [Insert]——绘图时由键盘输入光标的绝对坐标。
19. [Home]——绘图时由键盘输入光标的相对直角坐标。
20. [End]——绘图时由键盘输入光标的相对极坐标。
21. [Del]——只用于绘图过程中删除当前字符，不再与鼠标右键等效。
22. [Esc]——与原 DOS 版中的[Del]键功能相同，现与鼠标右键等效，作用是退出执行命令。
23. [Tab]——功能切换，与鼠标中键等效。
24. 右侧小键盘[8]——[Scroll Lock]开、[Num LocK]关时，上移图形，与中间

键盘［↑］功能同。

25. 右侧小键盘［2］——［Scroll Lock］开、［Num Lock］关时，下移图形，同中间键盘［↓］。

26. 右侧小键盘［4］——［Scroll Lock］开、［Num Lock］关时，左移图形，同中间键盘［←］。

27. 右侧小键盘［6］——［Scroll Lock］开、［Num Lock］关时，右移图形，同中间键盘［→］。

上述部分热键功能在绘图状态时的下拉菜单中也有，但下拉菜单只有在等待输入命令、数据时才生效，而热键在任何情况下都可使用。

4.4 结构平面辅助设计软件 PMCAD

4.4.1 PMCAD 的技术条件及应用范围

1. 技术条件

（1）荷载导算

楼面均布荷载传导路线为：

1）现浇板：按指定导荷方式（梯形或三角形方式，对边传导方式，沿固边方式）将荷载导到次梁或框架梁墙上。

2）预制板：按板的铺设方向传递荷载。

荷载传递过程中，主、次梁按交叉梁系计算，从原则上说，一根梁作为主梁输入和作为次梁输入这两种方式对该梁本身和结构整体的计算结果都是一样的。

各层恒活荷载，包括结构自重，还可逐层顺承重结构传下，形成作用于底层柱、墙根部的荷载，可作为基础设计用，该荷载在程序中称为"平面恒活"，因荷载在各层上的竖向剪力是计算求出的，但往下传时，未作柱墙与梁间的有限元分析，因此该荷载仅为竖向力，记录这种荷载的文件名为 DATW.PM。

程序可计算梁、柱、墙自重并写入荷载数据库，但在形成 PK 数据文件的荷载中没有包括梁、柱自重，PK 程序自己算梁、柱自重，程序形成的 TAT 数据文件中不包括柱、梁、墙的自重，因 TAT 程序可自动计算自重。

（2）活荷载

可输入活荷载折减系数，数据文件中的 ALIVE=0 时不算活载，0<ALIVE<1 时算活载，但在往框架、框剪上导荷时活载乘以小于 1 的 ALIVE。

当计算楼板配筋时，考虑全部楼面活载。

当计算楼板上的次梁（按连续梁算）时，考虑全部楼面活载。

计算框架、剪力墙、砖混结构墙时，考虑折减以后的活载。由于该系数对整个结构的框架、剪力墙、砖混结构墙都起作用，而单一的折减系数不符合荷载规范要求，因此若结构采用 TAT 软件计算，建议此处不要折减，到 TAT 中由程序根据荷载规范要求确定相应的折减系数（TAT 组合配筋信息页）。

（3）楼板配筋

按照主梁、次梁或墙围成的每一块板，逐个地进行弯矩和配筋计算。

砖混结构中的端跨楼板,其端跨端按简支座考虑。框架、框剪中的端跨楼板,其端跨支座按固定端计算,但该板跨中配筋计算时,其端部则按简支考虑。

有活载布置的等跨连续板,在板计算中可考虑活载的不利布置,将活载在各房间间隔交叉布置,以求得板跨中最大弯矩。

楼板钢筋直径、间距及支座筋长度等的确定按照《钢筋混凝土结构构造手册》(北京钢铁设计研究总院、华北冶金矿山建筑公司设计研究院主编,1988 年版),采用分离式配筋,以下单位为 mm。

受力钢筋最小直径:板厚≤100 时,取 $\phi6@200$
　　　　　　　　　板厚>100 且≤150 时,取 $\phi8@200$
　　　　　　　　　板厚>150 时,取 $\phi12@200$

受力筋最小间距:100

非受力筋方向的分布钢筋:

受力筋直径≤10 时,取 $\phi6@300$

受力筋直径 12 或 14 时,取 $\phi6@250$

受力筋直径>14 时,取 $\phi8@250$

孔洞直径或边长大于 300 且小于 1000 时,在孔洞每侧设置附加钢筋,其面积不小于孔洞宽度内被切断的受力钢筋面积的一半,且不小于 $2\phi10$,对于圆形孔洞附加 $2\phi12$ 的环形钢筋,其搭接长度为 $30d$。

支座钢筋挑出长度取板短跨方向的四分之一,且板支座两边均为受力边时,支座钢筋挑出长度均取两边挑出长度的较大值。

板的计算弯矩和钢筋面积以及由程序自动选出的钢筋直径、间距均标在平面图上,可供用户审核或修改。

(4) 带洞口的剪力墙简化成带刚域的壁式框架结构

刚域上的荷载化成一个集中力和弯矩作用在位于剪力墙形心的节点上。

(5) 砖混结构抗震验算中的主要技术条件。

能做平面墙体正交布置的砖混结构抗震验算。计算根据《建筑抗震设计规范》(GBJ 11—89)、《砌体结构计算规范》(GBJ 3—88)以及《设置钢筋混凝土构造柱多层砖房抗震技术规程》(JGJ/T 13—94)的有关规定。

2. 应用范围

结构平面形式任意,平面网格可以正交,也可斜交成复杂体型平面,并可处理弧墙、弧梁、圆柱、各类偏心、转角等。

(1) 层数　　　　　　　　　　≤99

(2) 结构标准层和荷载标准层各　　　　　　　≤60

(3) 正交网格时,横向网格、纵向网格各　　　　　　≤50

　　斜交网格时,网格线条数　　　　　≤500

(4) 网格节点总数　　　　≤1500

(5) 标准柱截面　　　　　≤100

　　标准梁截面　　　　　≤40

　　标准洞口　　　　　　≤100

(6) 每层柱根数　　　　　　　　　≤1200
　　每层梁根数（不包括次梁）、墙数各　≤1200
　　每层房间总数　　　　　　　　　≤900
　　每层次梁总数　　　　　　　　　≤600
　　每个房间周围可容纳的梁、墙总数　≤100
　　每个节点周围不重叠的梁、墙数　　≤5

(7) 两节点之间最多安置一个洞口，需安置两个时，应在两洞口间增设一网格线或节点。

注：1) 由墙或主梁围成的一个平面闭合体称为一个房间。
　　2) 用户在操作时应将一般的次梁在主菜单二时输入，否则会产生过多的无柱节点将主梁分隔过细，或造成梁根数和节点数过多而超界，或造成房间数超界。有时为满足工程要求，也可将主梁作为次梁输入。

4.4.2　PMCAD 的一般操作过程

双击 Windows 桌面上的 PKPM 图标，即可启动 PKPM 各模块主控菜单。主控菜单左上为专业选择按钮，启动该按钮后，屏幕左侧就显示该专业各软件的名称，点取某一软件名，屏幕右侧就显示该软件相应的主菜单，再在右侧某项菜单处击两下，即启动了该项主菜单。主控菜单的下方为工作子目录的设置区域，显示当前的工作子目录，其右侧有改变子目录的设置按钮，图 4-2 为结构专业 PMCAD 软件的主菜单。

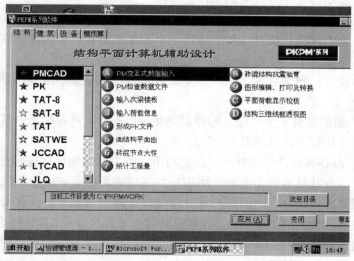

图 4-2　PMCAD 软件的主菜单

主菜单的 A 项和 1～3 项是输入各类数据，4～9 项是完成各项功能。

做一项新工程，可直接采用 PKPM 的隐含工作子目录 C：\PKPMwork，也可建立专门的工作子目录，但开始前应删除这些子目录下的所有文件，进入工作子目录后，应顺序执行主菜单 A、1、2、3 项，这样可以建立该项工程的整体数据结构，之后可按任意顺序执行主菜单 4～9 项。

主菜单 1～3 项执行完后，若修改了数据文件，应从主菜单 1 起重新顺序执行 1～3 项；当结构布置与楼面布置作了局部改动后，主菜单 2 的内容仍可保留，只需按非第一次输入操作。

保留一项已建立的工程数据库,对于人机交互式建立的各层平面数据只需将"工程名称加后缀"和"*.PM"的若干文件保存,若把上述文件拷出再拷入另一机器的子目录,就可以在另一机器上恢复原有的数据结构。

4.4.3 主菜单A 人机交互式输入各层平面数据

本程序对建筑物的描述是通过建立其定位轴线,相互交织形成网格和节点,再在网格和节点上布置构件形成标准层的平面布局,各标准层配以不同的层高、荷载形成建筑物的竖向结构布置(若使用PKPM系列的APM软件进行建筑设计,则该步骤所建立的数据文件可直接由APM的主菜单D生成)。要完成建筑结构的整体描述,具体步骤正如进入程序时所出现的菜单次序一样。对于新建文件,用户应依次执行各项菜单,对于旧文件,用户可根据需要直接进入某项菜单,完成后切勿忘记保存文件,否则输入的数据将部分或全部放弃。

交互式输入数据时,在图形下面有中文提示,它向用户提示和解释各项数据的意义,初学者只需按提示键入相关数据,同时键入多个数据时,数据间应用逗号隔开,数据为零或程序默认值时,可直接按回车键。

如果程序运行中无光标出现,表示计算机正在计算,只有光标出现时才能进行交互输入,光标共有三种状态:

(1)箭头:表示程序等待点取菜单。

(2)十字叉:为坐标定点状态,移动光标至所需位置并回车,即输入了坐标点。

(3)方框:为靶区捕捉状态,用于捕捉一个图素或图素的某一特殊点,移动光标至所需位置并回车,即输入了一个捕捉点。

程序所输的尺寸一般为毫米(mm)。下面分别讲述该主菜单下各子菜单的操作:

1. 轴线输入

"轴线输入"菜单是整个交互输入程序最为重要的一环,只有在此绘制出准确的图形才能为以后的布置工作打下良好的基础。

"轴线输入"内容和过程是这样的:首先利用作图工具绘制出定位轴线,这些轴线不完全是建筑轴线,因为凡是需要布置墙、梁等构件的地方都必须有定位轴线存在,但是有轴线的地方不一定要布置构件,一般结构设计以墙、梁的布置为主,因此沿墙线和梁线绘制定位轴线是一种效率较高的方法。绘制的定位轴线通过程序计算,自动转为一张网格图,凡是有轴线相交的地方都会产生一个节点,节点之间的线段成为一段独立的网格,节点和网格便成为所有构件几何定位的基础,可以在节点和网格上随意放置各种构件。

程序提供了多种基本图素,它们配合各种捕捉工具、热键和下拉菜单中的各项工具,构成了一个小型绘图系统,用于绘制各种形式的轴线。较常用的图素有:

(1)"节点":用于直接绘制独立节点,如果为了打断一根线段,可以通过在线段上插入节点来实现。

(2)"平行直线":可以成批绘制等长线段。

(3)"辐射线":可输入一组延线相交于一点的等长辐射性轴线,其步骤为:输入旋转中心点(即延线交点)→输入第一点(辐射轴线起点圆半径)→输入第二点(第一根轴线终点)→输入复制角度,数量。

(4)"正交轴线":输入的轴线为正交直线,其步骤为:定义开间(竖向各轴线间距,从左向右)→定义进深(横向各轴线间距,从下向上)→轴网输入(将上面形成的正交网格插入到图中,以该网格左下点为插入和转动基点)→轴线命名(轴线可在此菜单下命名,也可到"形成网格"菜单的下级菜单中进行轴线命名,但不要遗漏该步骤)。

(5)"圆弧轴线":绘制弧轴线及径向轴线,步骤:定义开间(径向轴线间夹角,以逆时针为正)→定义进深(弧轴线间距,从内向外)→轴网输入→轴线命名。

捕捉工具的应用

在进入程序后,缺省的绘图方式是采用鼠标控制,光标为捕捉靶状态,即[Ctrl]+[F3]打开。但用户也可根据具体情况,选择不同的输入方式和捕捉工具。

(1)定位特殊点

1)若该点坐标已知,则可用键盘直接键入坐标,可能用到的热键有[F2]、[Insert]、[Home]、[End]。

2)若该点为某图素上的特殊点,可采用节点捕捉工具定位,可能用到的热键有[Ctrl]+[F3]、[S]。

(2)定位某些具有一定规律的点

1)各点连线呈正交、间距有固定模数的点,可用点网捕捉工具,将点网间距设定成固定模数,可能用到的热键有:[F3]、[F9]、[Ctrl]+[F2]、[O]。

2)各点间相互关系主要与角度有关,这时可采用角度捕捉工具来输入各点,可能用到的热键有:[F4]、[Ctrl]+[F9]、[Ctrl]+[F2]。

【例4-1】 现以图4-3为例,说明轴线输入的操作方法,图上对几个特殊节点加以标号,以便讲解说明,下文中的[E]指回车。

方法一:主要采用"平行直线"功能

(1)画轴线①

点右菜单"平行轴线",屏幕左下方提示输入第一点,按[Insert]从键盘输入该点坐标0,0[E],此时屏幕下提示输入第二点,按[Insert],再键入0,15000[E],即输入了轴线①。

(2)将①轴线右平移复制,画轴线②~⑦

在提示输入复制间距、次数时,键入5000,2[E]得轴线②、③,再提示输入复制间距、次数时,键入3900,2[E],得轴线④、⑤,接着键入4300,2[E],得轴线⑥、⑦,按[Esc]键,退出平行直线复制状态。

(3)画轴线A、B、C、1/C、D

点右菜单"平行直线",屏幕下方提示输入第一点时,将捕捉靶套住点"1"后[E],再将靶套住点"2"[E],即得轴线A。键入5000,2[E]得轴线B、C,键入1750[E]得轴线1/C,最后键入3250[E],则得轴线D,按[Esc]键退出平行直线复制状态。

(4)画⑧~⑫轴线

点右菜单"平行直线",在屏幕下提示输入第一点时,用捕捉靶套住点"3"后[E],按[End]键,键入-60,1500[E],得轴线⑧(零度为水平方向,顺时针为负),再键入5000,4[E],可得轴线⑨~⑫按[Esc]退出平行直线复制状态。

(5)画轴线E、F、G、H

点右菜单"平行直线",用捕捉靶套住点"4"后[E],再套住点"5"后[E]得轴线E,再键入5000,3[E]得轴线F、G、H,按[Esc]退出平行直线复制状态。

(6) 删除不需要节点

点"点网编辑"下拉菜单,再点该菜单中的"删除节点"命令,根据屏幕下方的提示,可按[Tab]键,即可由光标选择变为窗口选择,再用鼠标在屏幕上拉动窗口,使窗口套住"6"、"7"、"8"、"9"节点后[E],即删除了这些节点,同法还可删除"1"、"10"、"11"节点,按[Esc]退出"节点删除"命令。也可不执行该步骤,将无用节点保留。

(7) 画①、②轴线间的两圆弧

点右菜单"圆弧、环",出现下一级菜单,点取该菜单中的"圆弧",屏幕提示输入圆弧圆心,这时用捕捉靶套住点"12"后[E],提示输入圆弧起始角时,用靶套住点"14"后[E],再提示输入圆弧结束角时,用靶套住点"15"后[E],即得上部圆弧,此处要注意所画的圆弧为从起始角逆时针转到结束角所画的一段圆弧,若将起始角和结束角顺序调换,则得另一半圆弧。同法可画出另一圆弧。

(8) 画⑦、⑧轴线间的圆弧

点右侧菜单"三点圆弧",用靶套住点"4"后[E],再套住点"2"后[E],在屏幕下方提示输入第三点时,将光标移到点"2"、"4"间可拉出一个动态圆弧,注意右下第二行弧的矢高值变化,达到要求的600后[E],得最大圆弧,同法画出另两个圆弧后按[Esc]退出"三点圆弧"状态。

至此,所要求的轴线均已输入,在以上的过程中未用到"点网捕捉"和"角度捕捉"工具,只用到"节点捕捉"功能,由于进入程序后,缺省设置为"节点捕捉"打开、"角度"、"点网"捕捉关闭,因此不需进行状态开关设置。

方法二:主要采用"正交轴网"功能

(1) 画轴线①~⑦,A、B、C、1/C、D

进入"轴线输入"后,点右侧菜单"正交轴网",程序自动进入下级子菜单,点"定义开间",程序进入再下级菜单,点该菜单的第一格空白处,屏幕下方提示选择第一开间,同时屏幕右侧出现一系列可选数据,点取其中的5000,即定义了第一开间;再点第二空白,屏幕下方提示复制次数,当紧接后面的开间与上一开间相同时,可键入相同开间的个数,此处有一个相同开间,则键入1[E],即输入了第二开间;再点右菜单第三格,由于第三开间与第二开间不同,应按[Esc]键退出开间复制,点取屏幕右侧数据中的3900,即输入了第三开间;再点取第四空格,按1[E],即复制第三开间一次得第四开间;再点第五格,按[Esc]键,由于可供选择的数据中无4300,此时可按[Tab]键,由选择数据转换成直接由键盘键入方式,键入4300[E],即输入了第五开间;同样第六开间可复制第五开间,按[Esc]退出"开间定义"状态。

点右侧菜单"定义进深",用与定义开间相同的方法分别定义进深为5000,5000,1750,3250,按[Esc]退出"定义进深"。

点右侧菜单"轴网输入",屏幕下方提示输入旋转角和插入点时均键入0[E],即将上面形成的正交轴网放入需要位置。

(2) 画轴线⑧~⑫,E~H

点右侧菜单"正交轴网",程序进入下级菜单后点"定义开间",此时右侧屏幕上显示

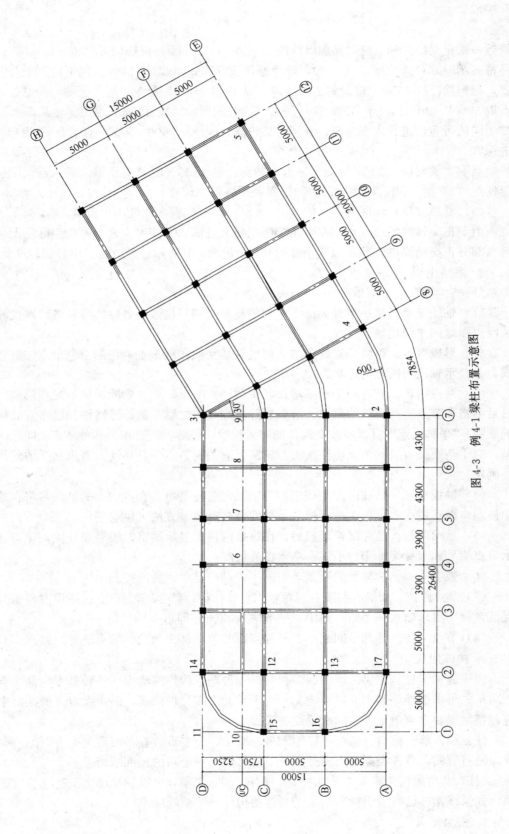

图 4-3 例 4-1 梁柱布置示意图

最近一次定义的开间，应对其加以修改，原第一、二开间与现在同可保留，点取第三开间，屏幕显示一列可选数据，点 5000，即将原第三开间 3900 改为 5000，剩下的三个开间不需要，应删除。按［Esc］键退到上级菜单，点"删除开间"命令，进入删除开间状态，分别点取 3900，4300，4300［E］，即可将这三个开间删除。按［Esc］退出"定义开间"。

同法可重新进行进深定义，分别定义进深为 5000，5000，5000，按［Esc］退出"定义进深"。

点取"轴网输入"，屏幕提示输入旋转角，键入-60［E］，提示输入插入点，用捕捉靶套住点"3"后［E］，即将第二次的轴网装配到图中位置。

(3)、(4)、(5)步同方法一的(6)、(7)、(8)步骤，此处不再重复。

由于正交轴网的插入点是左下角，所以定义进深和开间时应充分考虑实际情况，本例第二部分正交轴网拼装后看似四个开间，三个进深，但实际定义时是三个开间，四个进深。

2. 网格生成

"网格生成"的子菜单有：

(1) 轴线显示。是一条开关命令，它使显示在用户输入的各轴线号及各跨跨度和红色的网点图之间来回切换。

(2) 形成网点。可将用户输入的几何线条转变成楼层布置需用的白色节点和红色网格线，并显示轴线与网点的总数。

(3) 网点编辑。它有 6 个子菜单，其中"删除节点"和"删除网格"是在形成网点图后对网格和节点进行删除的菜单。节点删除将导致与之联系的部分网格和已布置的构件也被删除。"平移网点"可以不改变构件的布置情况，而对轴线及相关构件节点、间距进行调整，对于与圆弧有关的节点应使所有与该圆弧有关的节点一起移动，否则圆弧的新位置无法确定。

(4) 轴线命名。是在网点生成之后为轴线命名的菜单。在此输入的轴线名将在施工图中使用，而不能在本菜单中进行标注，轴线命名有多种方法可供选用。

(5) 显示间距。是在网格形成后，在每条网格上显示网格的编号和长度，也可选择显示节点编号和坐标帮助用户了解网格生成的情况。

(6) 数据开关。对显示间距菜单中的字符进行显示、关闭控制。

(7) 节点距离。如果有些工程规模很大，"形成网点"菜单会产生一些误差而引起网点混乱，程序要求输入一个归并间距，一般输入 50mm 即可。

(8) 节点对齐。将凡是间距小于归并间距的节点都视为同一节点进行归并。

3. 构件定义

程序提供了柱、主梁、墙、洞口和斜杆五种基本构件的输入，各种基本构件又有多种断面形式可供选择，其中的斜杆定义是用于定义支撑杆件截面，而主梁定义的截面中实际应包括主梁和主菜单 2 输入的次梁两类梁。

柱、梁、墙、洞口、斜杆可以输入多种断面，分多页放置，可通过＜上页＞或＜下一页＞进行翻阅，在种类页面空白处点一下便可输入一个新的标准断面。

"柱"、"主梁'、"墙"、"洞口"和"斜杆"删除菜单，可以删除已定义的这些构件的截面，如果该构件已布置于标准层上，则这些构件一起被删除。

4. 楼层定义

本菜单依照从下到上的次序建立各结构标准层。所谓结构标准层是把结构几何特征（楼面上的水平构件如主梁、次梁等，及支撑该楼面的竖向构件如柱、墙等）相同的且相邻的楼层用一个标准层来代表（层高可不同）。

所有节点位置都可以安插标准柱，所有网格处都可以安插标准梁、墙和洞口，平面CAD中关于"洞口必须布置在有墙的网格上"等规定本程序并不予以警告，在使用中请注意这种依存关系。

在构件布置的各功能项中，程序都首先进入并显示标准构件表让用户选择，当所需构件类型未被定义，应重新进入标准构件输入程序，定义标准构件后再回到构件布置程序。

在选择标准构件时，或在程序要求输入构件相对于网格或节点的偏心值时，用户可回答提问，也可在已布置了构件的图上拾取数据，此时，按一次[Tab]键出现"从图中拾取数"的提示和捕捉靶，当选中时，构件的断面和偏心为选中值让用户加以确认。构件布置有多种方式，按[Tab]键，可使程序在几种方式间依次转换。

布置洞口方式除左端定位外，还有中点定位和右端定位布置方式。若键入0，则该洞口在该网格线上居中布置，若键入一个小于0的负数（如-D），程序将该洞口布置在距该网格右端为D的位置上，需洞口紧贴左或右节点布置，可输入1或-1（再输窗台高），如第一个数输入一大于0小于1的小数，则洞口左端位置可由光标直接点取确定。

在斜杆布置时，输入"1"表示此节点在本层结构平面，"0"表示节点在下一层结构平面上。

"本层修改"菜单可对已定义的某标准层进行修改，各标准层间的变换通过"换标准层"菜单实现。

"层编辑"中包括六个子菜单："删标准层"可删除已定义的标准层；"插标准层"可在某层前插一标准层，插入的标准层可全部或部分复制当前标准层；"层间编辑"可对需作相同编辑的几个标准层进行定义，定义后凡对其中某层进行编辑，程序都会在已定义编辑的几层间相互切换，当完成这些编辑后，必须取消定义的编辑层定义，步骤与定义"层间编辑"同；"层间复制"可对多层同时复制相同的一组构件，其步骤为：首先将需被复制构件所在的标准层变为当前标准层，然后定义需要复制构件的几个标准层，最后在屏幕上选择需复制的构件回车即可；"单层拼装"能将本工程或其他工程（需在当前工作目录中）指定层的部分或全部内容复制到当前层中；"工程拼装"能将当前子目录中某一工程的结构布置拼装到该工程中，拼装的方法是按指定的基点、旋转角度及插入点将对应标准层拼装在一起。

"本层信息"中需查看板厚和板的混凝土强度等级两参数是否与实际情况相符，"偏心对齐"菜单可免去少数梁、柱较难确定偏心的麻烦，先按不偏心输入，然后利用此菜单可得到准确的位置。但应注意"梁与柱齐"与"柱与梁齐"的不同含义，前者以柱为准，移动梁，后者则相反。

5. 荷载定义

本菜单依照从下到上的次序建立结构的荷载标准层，凡是楼面均布恒载和活载都相同的相邻楼层均视为同一荷载标准层（不一定与结构标准层对应），由于一层楼面各房间的恒活载不一定相同，因此在定义荷载标准层时荷载取楼层中最广泛的荷载值，局部房间的荷载变动可到"输入荷载"菜单里修改。输入的荷载应为荷载标准值，楼面恒荷载应包括楼板自重，本菜单中还要求输入活载折减系数（可参照 PMCAD 技术条件部分）。另该菜单下的荷载值只显示整数位，但其小数位亦有效，可在主菜单 C 下查看。

6. 楼层组装

将所建立的结构标准层分别定义给各个实际楼层，并确定各楼层高，必须注意结构、荷载标准层应按顺序定义给从底层到顶层各楼层，标准层可重复定义给连续几层，但不得跳跃定义，如有这种情况应增加标准层，以保证顺序性。

本菜单中的"设计参数"中有"与基础相连的最高层号"一项，是为建筑在不等高地面（如坡边上）上的建筑物而设的，它允许除底层外，其他层上的柱、墙与基础相连，在布置时悬空，进入 PK、TAT、SATWE 等软件计算时自动取为固端。对砖混或底框结构，还需设置抗震计算信息。

7. 保存文件

本菜单是为避免突然停电、错误输入使程序中断死机等意外造成已正确输入的信息丢失而设置的，宜经常执行此菜单。

运行人机交互式数据输入操作，生成的文件有（若输入的工程名为 WW）：

（1）WORK.CFG—交互式输入程序工作状态配置文件，用户可在 PM 软件目录或用户当前工作目录中找到，其中用户需经常修改的是第一、二项（Width，Height）设定显示区域的宽度、高度，另一为原点位置（Xorign，Yorign）即用户坐标系原点距屏幕左下端距离。

（2）WORK.MNU—右侧菜单区支持文件。

（3）WORK.DGM—下拉菜单区支持文件。

（4）WW—图形设置和轴线图文件。

（5）WW.JWN—总信息和当前层信息。

（6）WW.JZB—各标准层信息。

（7）WW.B—WW 的备份文件。

（8）WW.BWN—是 WW.JWN 的备份文件。

（9）WW.BZB—是 WW.JZB 的备份文件。

（10）WW.JAN—平面轴线文件。

（11）WW.PM—给 PMCAD 主菜单 1 准备的标准格式的 PM 数据文件。

用户若需保留交互式数据，应将（1）、（4）、（5）、（6）、（10）文件保留。

4.4.4 主菜单 1 检查数据文件

这部分的功能是检查主菜单 A 生成的数据文件或人工填写或修改过的数据文件（文件名为工程名称加后辍 PM，该文件的格式在 4.4.14 中作描述），并将该数据转化成以后菜单需要的格式。

首先软件的数检段落对数据文件的物理数据意义分析，碰到不合理的数据便打出相应的错误信息。然后用屏幕显示的图形反映数据，若数据有错则从图上一目了然，数检通过，该图可同时作为结构平面简图。

检查出错误后程序会用中文提示错误数据所在的行、内容和数据，一般应检查文件中该数据或该数据以前的数据。

错误提示在屏幕上出现时，程序暂停，可按 [Esc] 退出，也可按回车继续检查下面的数据。

运行"检查数据文件"菜单后生成：
(1) PMWG.T—平面网格与节点图
(2) PP1.T、PP2.T…—各标准层平面简图
(3) PMDA1.PM、PMDA2.PM—无格式文件，用于下一级菜单（输入次梁、楼板菜单运行必须要有这二个文件）。

4.4.5 主菜单2 输入次梁楼板

这部分用人机交互式输入有关楼板结构的信息（在各层楼面上布置次梁，铺预制板、楼板开洞、改楼板厚、设层间梁、楼板错层等），它必须在主菜单1操作完成以后进行。
进入此程序屏幕上出现四个选择菜单：
0：本菜单不是第一次执行
当本项工程以前已执行过主菜单2，但没有再执行主菜单A与1，若需对结构布置进行进一步修改时，可选择0，这时可对已布置过的次梁楼板等进行修改补充。
1：本菜单是第一次执行
当执行完主菜单A与1，且第一次执行主菜单2时，必须选择1，程序将建立一个新的数据文件。
2：执行完主菜单1并保留以前输入的次梁楼板信息
当已输完次梁楼板，但又需对结构布置修改而执行完主菜单A与1，为保留前次输入的次梁楼板数据，可选择2。
注意：对非矩形房间布置的次梁和悬挑板，层间梁的信息不能保留，需由用户再作补充。
3：读修改过的CLLBDK.PM文件输入次梁楼板洞口
若需通过修改已建立好的CLLBDK.PM文件来修改次梁或洞口布置，则可选择3。
键入1后，若各层平面上有墙输入，则屏幕提示墙体材料是什么，是混凝土则键入1，是砖则键入0，这个数据是表示全部或大部分的墙体材料，局部的改动可通过本菜单下的子菜单7进行。
房间分为矩形房间和非矩形房间，目前版本有些功能如楼板开洞和铺预制板还不能在非矩形房间进行。每个房间周边的杆件数量不宜大于100个，超过此数时宜设拉梁把房间划小。
图形右边菜单有十二项内容，这些操作在自下而上的各标准层中逐层进行，十二项菜单的主要功能与操作分述如下：

1. 楼板开洞

进入"楼板开洞"子菜单后，首先点"房间编号"显示各房间编号，提示所要求输入的方洞左下角（或圆孔中心）坐标是指以房间左下角纵横轴线中心为原点的X、Y坐标，单位：m。洞口尺寸单位亦为m。

2. 次梁布置

有五项子菜单，首先点"房间编号"，再进行其他操作。
(1) 次梁布置
要求用户按房间输入次梁信息，移动光标点取要求布置次梁的房间。点取到哪间房时，这个房间中间有圆圈加亮，以提示用户。
输入次梁过程中，提示所指的次梁型号是屏幕右侧显示类别的次序，而这些截面类型

则是主菜单 A "构件定义"所定义的主梁截面,提示所指的距离是该次梁距下边轴线(或左边轴线)的距离,房间内有多根同向次梁时,则为其与上一根次梁距离。

注意:

1)同一房间可布置二级次梁,即次梁搭在次梁上,若竖次梁搭在横次梁上,提示输入次梁型号、距离时,应增加输入第三个数,即次梁下端连接的横次梁顺序号。且第一个数据次梁类型前一定要加个负号,第三个数据也可是 0,表示二级次梁从房间下轴线梁(或墙)开始,伸至第一根横次梁。

2)某房间次梁布置与前面第 K 房间完全相同时,键"-K"即可。

3)对非矩形房间,可输入与房间某一边平行的次梁或与某一边垂直的次梁,如为交叉次梁或二级次梁,其相交角度必须是 90°

如图 4-4 由 ABCDE 诸边围成的多边形是一个非矩形房间,有二根次梁与 BC 平行,一根与 BC 垂直,与 BC 平行的可定义为横次梁,垂直的定义为竖次梁。

程序判定该房间为非矩形房间后会提示点取竖次梁布置的参照点,点取 A 点,竖次梁的距离即输入点 A 到竖次梁直线的距离(也可选其他点作为竖次梁布置的参照点)。

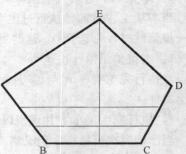

图 4-4 非矩形房间次梁布置

(2)次梁复制

次梁布置相同的房间可直接拷贝复制过来,从而简化输入,次梁布置时输入的数据相同即为相同布置,与房间大小不一定有关系。

先用光标点取被复制的房间,再点取需布置的房间,可连续点取。

(3)次梁删除

可删去某一房间已布置好的次梁。

在某一房间上布置或拷贝了新的次梁布置时,其上旧的次梁数据自动删除。

3. 预制楼板

按房间输入预制楼板,某房间输入预制板后,程序自动将该房间处的现浇楼板取消。

输入方式分为自动布板方式和指定布板方式。

每个房间中预制板可选用二种宽度,在自动布板方式下程序以最小现浇带为目标对二种板的数量作优化选择。

楼板复制时,板跨不一致则自动增加一种楼板类型,所以复制时尽量是板跨一致的房间,否则类型可能超界。

4. 修改板厚

每层现浇楼板厚度已在标准层信息中给出,这个数据是本层所有房间楼板的厚度,当某房间楼板厚度并非此值时,则可点此菜单,对该房间楼板厚度进行修正。

某房间楼板厚度为 0 时,该房间上的荷载仍传到房间四周的梁或墙上。

对于楼梯间可用两种方法处理,一是在其位置开一较大洞口,导荷载时其洞口范围的荷载将被扣除,此时应将楼梯荷载通过主菜单 3 输入。二是将楼梯所在的房间的楼板厚度输入 0,导荷载时该房间上的荷载(楼板上的恒载、活载)仍能近似地导至周围的梁和墙上,楼板厚度为 0 时,该房间不会画出板钢筋。

5. 设悬挑板

在平面外围的梁或墙上均可设置现浇悬臂板,其板厚及上面的荷载程序均自动按该梁或墙所在房间取值,悬挑范围为用户点取的某梁或墙全长,挑出宽度沿该梁或墙为等宽。

6. 设层间梁

层间梁是指其标高不在楼层上而在两层之间的连接柱或墙的梁段。输入层间梁后,程序可在该榀框架的分析时作出这种复式框架的立面图和荷载简图。但在作 TAT 程序时,只把层间梁上的荷载传给主结构,并未考虑该杆件的刚度存在。

7. 改墙材料

如本标准层墙体材料不同于一开始输入的材料,点此菜单作个别墙体修改,移动光标点取需修改的墙体即可。

8. 楼板错层

当个别房间的楼层标高不同于该层楼层标高时,即出现错层,点此菜单输入个别房间与该楼层标高的差值。房间标高低于楼层标高时的错层值为正。

本菜单仅对某一房间楼板作错层处理,使该房间楼板的支座筋在错层处断开,不能对房间周围的梁作错层处理。

9. 梁错层

对房间周围的梁作错层处理。但目前版本还不能将梁的错层信息转入 PK 计算数据文件,若同层梁标高不同,可到 PK 软件的绘图数据文件中修改。

10. 砖混圈梁

在平面简图上输入圈梁布置,并修改有关信息。

11. 拷贝前层

可将上一标准层已输入的次梁、预制板、洞口布置直接拷贝到本层,再对其局部修改,从而使其余各层的次梁、预制板、洞口输入过程大大简化。

12. 退出

退出该标准层的次梁、楼板布置。

运行"输入次梁楼板"菜单全部操作后,产生下列文件:

(1) TATDA1.PM、LAYDAT.PM、LAYDATN.PM、CHANGKEP.PM,均为中间数据文件,其中 TATDA1.PM 和 LAYDATN.PM 两个文件是与其他文件接口的数据文件。

(2) CLLBDK.PM——该文件记录了已输入的次梁和洞口信息,用户可以对文件内容进行修改。

4.4.6 主菜单3 输入荷载

此程序须在运行"输入次梁楼板"后进行,它将生成 DAT1.PM~DATB.PM、DATW.PM 等 12 个荷载数据文件,如 DAT1.PM 记录了各楼层每个房间楼板上的恒、活载值。

此时从平面数据文件中已获得的荷载信息有活荷载是否计算信息及各荷载标准层中均布楼面静荷载和均布楼面活荷载信息。这一部分的主要功能是对均布楼面荷载局部修正和输入非楼面传来的梁间荷载、柱间荷载、墙间荷载、节点荷载及次梁荷载。然后程序对楼面荷载作传导计算,例如从楼板到次梁,再从次梁到承重墙或梁的传导计算,再对用户人机交互输入的梁间、柱间、墙间、节点、次梁等荷载归类整理，从而完成整栋建筑荷载数据库。

启动程序后，程序提示：本工程荷载是否第一次输入？并有如下三项选择：

0　保留原荷载

1　第一次输入

2　由建筑传来

如键入[Esc]，程序将不进行荷载导算直接退回主菜单。

选择1，则所有荷载将重新生成。

选择0，可保留已输入的外加荷载，以后可对要修改的层选择输入。选择0时，如果对前面的结构布置已作了修改（某层的杆件总数和编号有了改变），仍可保留未变部分已经输入的荷载，结构变动部分的荷载应作补充修改，杆件两端的坐标改动的杆件即属于已经改动的杆件，它上面原已输入的荷载将丢失。

选择2，程序从建筑软件APM中传导计算建筑构件生成的外加荷载，除可转成结构的构件（梁、柱、承重墙）外，其余建筑构件将按后面确定的材料容重计算成荷载，加到梁、墙、柱、节点、次梁或楼板上。

通过此菜单，程序可输入楼面荷载、梁间荷载、柱间荷载、墙间荷载、节点荷载和次梁荷载。

柱间荷载和节点荷载都有X和Y两个方向，其意义为作用于平面上的X方向和Y方向的荷载，X向弯矩以顺时针向右为正，Y方向以顺时针向上为正。

4.4.7　主菜单4　形成PK文件

此程序在运行"输入荷载信息"程序后运行，它将生成PK软件结构计算所需的数据文件，文件中没有计算梁、柱自重，它们由PK程序自动计算，但楼面均布荷载中应包括楼板自重，PK程序不能计算该自重。

该程序可以生成平面上任意一榀框架的结构计算数据文件和任意一层上单跨或连续次梁按连续梁格式计算的数据文件（该文件可一次生成能画在一张图上的多组连续梁数据，还可生成底框上砖结构的底层框架的任一榀数据文件）。

启动此程序后，出现一个新界面，有五个菜单可供选择，分别是：

0：结束

1：框架生成

2：砖混底框

3：连梁生成

4：版本说明

点取1，屏幕图形区显示出底层平面图，同时屏幕右侧有参数选择栏，共有两个参数，其一是是否计算风荷载，若计算则点取此项，并修改风荷载信息内的一些参数；其二是给出形成的框架文件名，程序默认为"PK—轴线号"，若想另给文件名则在此设定。屏幕下侧则提示输入要计算的框架轴号（或[TAB]转为节点方式点取），若输入轴线号，则可形成该轴线上的框架文件，若按[TAB]转为节点方式，则可生成某一轴线局部上的框架。

生成底框上砖房的某一榀底框计算数据文件时，应在PMCAD主菜单8（砖混抗震计算）执行完后再做。

点取 3，则提示键入连续梁所在的层号，可同时生成不同层的多根连续梁数据，但放在同一计算数据文件中。程序还提供了修改连续梁支撑条件的功能，默认方式是主梁和柱均为连续梁的支座，当在主菜单 A 中有些次梁按主梁输入时则可通过该功能去掉次梁作为连续梁的支撑。

生成的 PK 数据文件中同时包含了绘图补充数据文件的很多内容，主要是次梁信息，各柱偏心和各柱或支座的轴线号，连续梁的支座状况（柱、梁或墙）等，在框架数据文件中，这些信息放在后面的地震信息之后，以 77777 作标志开始，在连续梁数据文件中以 88888 作标志开始。

这些绘图数据均可修改补充，并通过结构计算这一步传输给后面的绘图操作。如需绘图，再补充若干给图参数即可。

注意：

按连梁生成数据文件一般应针对各层平面上布置的次梁或非框平面内的主梁，因在连续梁画图时的纵筋锚固长度按非抗震梁选取。

当按程序隐含的抗震等级为 4 画图时，连续梁上箍筋加密且梁上角筋连通，如想取消箍筋加密和角筋连通，则应在选择连续梁组数后再加上一个抗震等级 5，或者直接修改本菜单生成的连续数据文件的两处：

（1）将总信息中抗震等级改为 5；

（2）把 PK 文件后面的地震计算参数一行删去。

如只改抗震等级而未将地震计算参数一行删除，则连续梁画图不能正常进行。

如需按框架梁抗震构造画连续梁则应接力 TAT 多高层计算软件画梁图。

4.4.8 主菜单 5 画结构平面图

对于框架结构、框剪结构和砖混结构的平面图绘制，需要由这项功能菜单作出，本菜单还完成现浇楼板的配筋计算，每操作一次这项菜单即绘制一个楼层的结构平面图。每一层绘制在一张图纸上，图纸名称为 PM*.T，* 代表层号，图纸规格及比例等由用户给出，需绘图的楼层层号在一开始键入，每层的操作分为输入计算和画图参数、计算钢筋混凝土板配筋和交互式画结构平面图三部分。

1. 输入计算和画图参数

键入要画的楼层号后，程序显示 5 项菜单并提示修改计算楼板配筋和画结构平面图的有关参数，可用光标或键盘点取相应选择项。

0：继续。不修改程序隐含或以前已设定过的参数，直接进入配筋计算画图，或修改完参数均要执行此项。

1：修改配筋参数。程序有隐含值，用户可按本单位的选筋习惯对该表修改。

2：不计算楼板配筋。点此菜单的目的是节省楼板配筋计算的时间，因非矩形板块较多时，计算一层钢筋要较多时间。

不计算钢筋后就不能画下面的楼板钢筋。

3：画平面图参数修改。各参数修改后均记录在当前子目录下的 MSG.PM 文件中，如不修改则对以后的操作一直起作用。

4：切割局部平面。确定下面要画的平面图范围，当几层结构平面相似时，一些层就只需画局部。

5：续画前图。因特殊原因未画完一张平面图就存盘退出，则点该菜单可续画该图。

2. 钢筋混凝土楼板内力和配筋计算并显示现浇楼板弯矩图和计算钢筋图

通过此菜单，可查看楼板的内力和配筋。

3. 布置图面并交互式绘制结构平面

首先在屏幕上显示图框大小及平面图的外轮廓线（一矩形方框），程序自动将平面图形布置在图框的正中。屏幕右侧菜单有七项内容，用于设置画结构平面图的一些参数。点继续子菜单则进入交互式绘制结构平面图。

首先屏幕显示当前结构标准层的平面图模板图，内容有框架柱、梁、剪力墙的布置及次梁布置，右边菜单显示7项内容。

前6项菜单可按任意顺序点取应用，每项菜单可反复点取执行，每执行完一项菜单后，屏幕下方提示是否修改？若修改则键入1，但这次点取菜单画的图素均被删除。

（1）标注尺寸

点此菜单，会出现一二级菜单，分别可标注柱、梁、墙、次梁、洞口、楼面标高，还可对已画在平面图上的任意图素作尺寸标注，尺寸标注位置取决于光标点与所注构件的相对位置。

（2）标注字符

可在梁、柱、墙等构件上标注任意字符，操作均可按提示进行。

注柱字符和注梁字符时，可同时把柱、梁的截面尺寸标注在平面图上。

本菜单还可把经TAT或SATWE全楼梁柱归并后生成的梁、柱编号自动标注在结构平面图上，但要做到这一点必须在此前执行过TAT—8主菜单5和主菜单B。

（3）画板钢筋

本菜单给用户提供多种方式将现浇楼板钢筋绘出。

1）自动配筋：自动绘出所有矩形房间楼板配筋，这种方式操作简单，但图面较繁。

2）逐间布筋：由用户挑选有代表性的房间画出板钢筋，用户只需用光标点一下其房间，该房间的板钢筋即自动绘出，其余相同构造的房间可不再绘出。

3）人工布筋：为避免自动标注引起的图面混乱重叠，对某房间楼板的各种钢筋均由用户在屏幕提示下分别指示其在图面上的标画位置。

4）任意配筋：此菜单给用户一个结构平面上任意画板底钢筋和支座钢筋的功能，钢筋的位置、长度、直径和间距都是用户交互输入的，对于墙、梁支座钢筋，在某支座输入一次钢筋后可用相同配筋功能在其他支座处复制。

程序还给出一个移动鼠标在图上画任意折线形状钢筋的功能。

5）通长配筋：这项菜单的配筋方式不同于其他菜单，它将板底钢筋跨越房间布置，将支座钢筋在用户指定的某一范围内一次绘出或在指定的区间连通，这种方法的重要特点就是可画出非矩形板的板底与支座钢筋。

6）洞口配筋：对洞口作洞口附加筋配筋，只对边长或直径在300～1000mm的洞口才作配筋。

7）改板钢筋：可对已画在图上的钢筋移动、删除。

8）房间归并：可将配筋相近的房间进行归并以减少施工难度。

（4）画预制板

把在主菜单 2 项中输入的预制楼板画在相应的房间上,有两种表示方法:

1) 板布置图是画出预制板的布置方向、板宽、板缝宽、现浇带宽位置等。对于预制板布置完全相同的房间,仅详细画出其中的一间,其余房间只画上它的分类号。

2) 板标注图是预制板布置的另一画法,它画一连接房间对角的斜线,并在上面标注板的型号、数量等,先由用户给出板的数量、型号等字符,再用光标逐个点取该字符应标的房间,每点一个房间就标注一个房间,点取完毕时,将光标移至各预制板房间外,并回车,或直接移动光标到右边菜单,则退回到右边菜单。

(5) 标注轴线

本菜单是在平面图上画出轴线及总尺寸线,有多种标注方式,其中"自动标注"仅对正交网格平面才能执行,它把轴线按用户在前面文件中的信息自动画出轴线与总尺寸线。"交互标注"可每次标注一批平行的轴线。

(6) 中文说明

执行画平面程序前进入任一种中文系统,用行编辑命令写好一说明文件,其格式排列按照图纸实际要求作出,最后一行写"END"。画平面图时点中文说明菜单后可将这一文件调出并布放在图面上。

(7) 图层管理

平面图把不同的图层管理内容画在不同的图层上,用图层开闭功能,可把某一层内容暂不显示;用图素删除菜单,可把某一种构件在图面上删掉。

(8) 存图退出

完成第二部分交互式绘图后,点此项菜单退出,这时,该层平面图即形成一个图形文件,该文件名称为 PM∗.T,∗代表楼层号,用户须按这个规律记住这些名称,在后面的图形编辑时需要调用这些名称。

4.4.9 主菜单 6 砖混节点大样

这部分功能是在主菜单 5 所完成的同一层砖混结构平面图上继续作圈梁布置,画圈梁节点大样图,构造柱节点大样图和圈梁布置简图。

圈梁、构造柱构造中的一些基本参数存放在 ZHQL.TXT 文件中,这些参数一经定义便自动存在计算机内,以后程序运行中自动执行这些参数,也可随时调出修改。

机内第一次运行主菜单 6 时,ZHQL.TXT 尚未建立,此时程序将要求用户将以上参数交互式输入,以后要修改这些参数可调菜单修改。

本菜单程序运行共分三步:

1. 在平面简图上人机交互式输入圈梁布置,并修改有关信息

程序自动完成对各类圈梁节点的归类整理,并对各节点大样编号。

2. 点取圈梁大样和构造柱大样

屏幕上调出主菜单 5 完成的砖混结构平面图,这时将由用户点取需要索引出圈梁节点详图或构造柱节点详图的部位,并在该部位标出索引符号。每点取一个构造柱,构造柱节点大样图就增加一个,程序未对相同构造的构造柱节点大样归并。

3. 图面布置

屏幕上显示图面布置示意图,这是在原结构平面图上又布置了新增加的圈梁节点、构造柱节点大样和圈梁布置简图。目前程序是将新增加的内容与原平面图画在一张图上。

新产生的结构平面图名称为 APM*.T，"*"代表层号。

4.4.10 主菜单 7 统计工程量

将前一阶段输入的全部结构的工程量以表格形式输出，先逐层输出各结构标准层的工程量统计表，最后输出全部结构的工程量汇总表。

4.4.11 主菜单 8 砖混结构抗震验算

该程序适用于 9 层以下任意平面布置的砖混结构的抗震验算及底层框架上层砖房结构的抗震计算，当下部框架层数多于一层时，也可给出抗震计算结果，但由于规范对此类结构的计算未作出明确的规定，故所得结果仅供用户参考。

1. 计算内容

（1）砖混结构的计算分为三步：

第一步：验算每一大片墙体的抗震承载力，计算对象是包括门窗洞口在内的大片墙体。

第二步：验算各门、窗间墙段的抗震承载力。

第三步：计算各墙段内每延米的轴力设计值，底层还计算各轴线大片墙每延米的轴力设计值，供用户作静力计算和墙下条形基础计算用。墙下荷载设计值还可直接与 JCCAD 接口。

（2）底层框架砖房结构的计算分两步：

第一步：与砖混结构相同，计算一层砖墙及其他各层砖墙的抗震承载力。

第二步：计算底层各榀框架承受的侧向地震作用及每榀框架中各框架柱由地震倾覆力矩产生的附加轴力。

软件根据这两项结果及框架上层砖墙的轴力计算结果，并加上各层框架梁柱的荷载，由主菜单 4 形成底层框架 PK 结构计算文件，再通过 PK 软件可进行底层框架在地震作用和竖向荷载作用下的内力分析及施工图设计。

2. 操作方法

（1）基本参数输入

点主菜单 8 进行砖混抗震验算时，先要按照屏幕上的中文提示，输入若干参数。

（2）菜单操作

若有参数不符合要求，程序将在屏幕给出提示并重新输入，输入参数后，可计算并输出本层墙体轴力设计值图、剪力设计值图。

3. 计算结果

（1）砖墙抗震承载力计算结果

计算结果直接标注在一张平面图上，自下而上逐层输出结果，抗震验算结果的图形名为 ZH*.T，*代表层号。如第二层图名为 ZH2.T。

在抗震验算的结果图中：黄色数据是各大片墙体（包括门窗洞口在内）的抗震验算结果，数字意义为该片墙抗力与荷载效应的比值，数字标注方向与该片墙的轴线垂直，当验算结果大于 1 时，表明满足抗震强度要求。

蓝色数据是各门窗间墙段的抗震验算结果，数字意义为该段墙的抗力与荷载效应的比值，数字标注方向与该墙段平行，大于 1 时满足抗震强度要求。

白色数字是混凝土剪力墙的剪力设计值，单位为 kN。

红色数据是当验算结果小于 1 时，表明该片（段）墙体不满足抗震强度要求，此时在括号中给出该片墙层间竖向截面中所需的水平钢筋总截面积，单位为 mm^2。

图形下面标出的内容是：

G_i——第 i 层的重力荷载代表值（kN）；

F_i——第 i 层的水平地震作用标准值（kN）；

V_i——第 i 层的水平地震剪力（kN）；

LD——地震烈度；

GD——楼面刚度类别；

M——本层砂浆强度等级。

(2) 墙体轴力设计值计算结果

墙体轴力设计值计算结果图的图名为 ZN*.T，*代表层号。

轴力图中单位为千牛/米（kN/m），在轴力设计值图中：

黄色数据表示底层各轴各大片墙每延米的轴力设计值，标注方向与抗震验算结果相同。

蓝色数据表示各墙段每延米的轴力设计值。

(3) 墙体剪力设计值计算结果

墙体剪力设计值图形文件名为 ZV*.T，*代表层号，图中剪力单位为 kN，地震作用分项系数取 1.3。

图中各大片墙体的剪力标注方向与该片墙垂直，各墙段的剪力标注方向与该墙段平行。

(4) 底层框架抗震计算结果

底层框架地震作用计算结果图形文件名为 KJ1.T。

底层框架上层砖房结构抗震验算结果中，当该底层抗震墙为砖墙则给出该片墙的抗震承载力计算结果；若抗震墙为钢筋混凝土墙，则给出该片墙所承受的剪力设计值，用户可根据该剪力值计算剪力墙水平分布筋。完成各层抗震验算后，程序接着计算底层框架的侧向地震作用和附加轴力。

在底层框架计算结果图中：

黄色数据表示各榀框架的侧向地震力标准值，数字标注方向与该榀框架轴线垂直。

蓝色数据表示各框架柱的附加轴力标准值，数字标注方向与框架轴线平行。

图下标出的内容是：

V_{xx}——经过调整的底层某一方向地震剪力，xx 数值表示该剪力作用方向角；

K_{xx}——某一方向上层砖房与底框的抗侧移刚度比，xx 表示该值的方向角，当 K_{xx} 大于 2.5 时将用红色显示，以提示用户注意。

M_u——地震倾覆力矩标准值。

(5) 底层框架 PK 文件

完成第 8 项菜单后，点取 PMCAD 第 4 项主菜单，可生成底层框架 PK 计算数据文件，内容包括结构简图、框架各层传来的以及上面各层砖房楼面及砖墙传来的荷载（恒、活）、侧向地震作用及柱子附加轴力。

当同一网格线上框架梁与混凝土墙或砖填充墙同时存在时，恒载及活载将优先传至墙，若用户需要在框架计算时考虑上部砖房的竖向荷载，可通过修改 PK 文件的方式将墙体竖向荷载加到梁上。

底层的混凝土墙和满足砖填充墙构造要求的砖墙应作为受力墙输入，但一般隔墙不能作为受力墙输入。

4.4.12　主菜单9　图形编辑、打印及转换

这里向用户提供了一个像 AutoCAD 的图形工作环境，可以由用户对已经完成的图形进行修改、补充，还可以用这里的画图工具直接绘制一张新图。

该菜单下的另一个重要功能就是将 CFG 绘图系统生成的".T"文件转换成 AutoCAD 可编辑的".DWG"文件，以便熟悉 AutoCAD 的用户对所画的图进行修改。

此外该程序还可将".DXF"文件转成".T"文件，便于 PKPM 系列与其他软件的接口。

4.4.13　主菜单C　平面荷载显示校核

本程序用于对主菜单3导出的中间荷载文件作校核，用户执行完主菜单3后点主菜单C，即可执行这项功能。

该程序可校核的荷载有两类：一类是程序自动导算出的荷载，即楼面传导到承重墙、梁上的荷载；另一类是用户在主菜单3中人机交互输入的荷载，这类荷载在主菜单3输入时可能较多、较杂乱，但在这里可得到人机交互输入荷载的清晰记录。

进入该程序后，屏幕左下侧可选择校核层号，右下侧选择显示方式（图形或文本方式），校核的主要内容有：楼面荷载、梁墙荷载、次梁荷载、柱间荷载、节点荷载及竖向导载路线。

4.4.14　数据文件格式

结构平面数据文件是人机交互方式输入各标准层平面后由程序自动写出的，它存放在名为工程名.PM 数据文件中，用户可根据本节描述的文件格式，检查和修改有关数据。

数据文件共分十六部分，分述如下：

1. 总信息（14 个数）。

(1) NST：总层数，当为人机交互输入转来的数据时 NST 前加一负号。

(2) MST：结构标准层个数。

(3) NXS：当为人机交互输入转来的数据时，NXS 填写网格线总条数 NAXIS。

(4) NYS：当为人机交互输入转来的数据时，NYS 为-1。

(5) KCL：柱类别总数。

(6) KBE：梁类别总数。

(7) KDK：墙洞口类别总数。

(8) MLOD：荷载标准层个数。

(9) ALIVE：是否计算活载（一个大于 0 小于 1 的实形数，见 4.4.1）。

(10) MXD：X 向各跨轴线与总尺寸线标注位置（1：在下；2：在上；3：上下都标）。

(11) MYD：Y 向各跨轴线与总尺寸线标注位置（1：在左；2：在右；3：左右都标）。

(12) BLKD：建筑总尺寸线在平面图应留的宽度。

(13) DWS：施工图纸规格号。

(14) BLP：结构平面图的比例。

2. 各层层高（从下至上），HLA（I），共 NST 个数。

3. 各结构标准层最高层号（从下至上），MSH（I），共 MST 个数。

4. 各跨跨度（指网格上各网格线之间的跨度，正交网格，NYS≠0）

(1) 各节点的 X 坐标与 Y 坐标,格式为节点号,X 坐标,Y 坐标。

(2) 轴线网格与节点号信息,每条网格格式为:网格线号,该网格上的节点数,该网格上按顺序排列的各节点号,以零为结束标志。

5. 标准截面数据

(1) 各标准柱截面(KCL＝0 时不填此项),CL(I,J),共 KCL 个。

每个标准截面柱由截面形状 K、材料类别 M 和形状数据组成,形状数据具体意义详见"构件完成"菜单。各形状数据排列为:K,M,B,H,U,T,D,F。

M——6 为混凝土材料,M——5 为钢材料。

(2) 各标准梁截面(KBE＝0 时不填此项),BE(I,J),共 KBE 个。

截面形状 K、材料类别 M 和截面形状数据同柱。各标准梁中应包括次梁截面。

若该梁为弧形梁,将该标准梁梁高前加一负号,紧跟其后填弧形梁的矢高,即梁中点处圆弧的高度。

(3) 各标准墙洞口数据(KDK＝0 不填此项),QDK(I,J),共 KDK 个。

QDK(I,1):洞宽。

QDK(I,2):洞口高度。

6. 各荷载标准层最高层号及该标准层上的楼板均布荷载标准值(ALIVE≠0 时还有楼面均布活载标准值),HSLD(I,J),共 MLOD 个。

当 ALIVE≠0 时,还需输入 HSLD(I,3)。

7. 缺节点位置信息,无缺节点时此项填 0

自下而上每个结构标准层输入一次八～十二各项数据。

8. 本层楼板厚度等信息(6 个数)

(1) BHOU:本层现浇混凝土楼板厚度(m)

(2) RWB:楼板混凝土强度等级

(3) BHC:楼板混凝土保护层厚(m)

(4) IC:柱混凝土强度等级

(5) ICC:梁混凝土强度等级

(6) IG:柱、梁主筋级别,1 为 I 级钢,2 为 II 级钢。

9. 本标准层网格节点信息,共 NAXIS 行。

10. 本层柱位置信息

把各类型截面柱赋给各网格节点,并给出它们 X 向与 Y 向偏心。

11. 梁的位置与偏心信息

把各类截面尺寸梁布放到各网格的轴线上,并给出它们的偏心值。

12. 剪力墙的位置与偏心

把剪力墙布放到平面网格的轴线上,并给出它们的偏心。

13. 墙洞口位置

本层洞口指的是本层楼板以下墙上的洞口。

14. 地震计算信息(17 个数)

该段数据是在主菜单 A 的子菜单"楼层组装"中输入的各信息,地震计算信息数据输入完后,另起一行用大写字母填写 EOF。

15. 输入各轴线号（轴线号应采用大写字母）

按从左至右、自下向上顺序输入，各轴线号之间用逗号隔开。

16. 另起一行用字母 END 表示全部数据文件输入结束。

4.4.15 实例

【**例 4-2**】 以例 4-1 输入的轴线布置为基础，说明使用 PMCAD 建立一二层、局部三层的建筑结构（图 4-5）整体模型的过程。

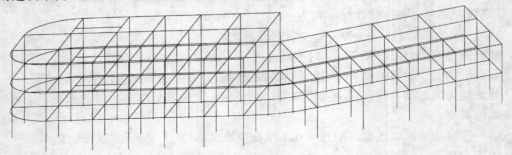

层高：底层3600，二、三层3300。

图 4-5 一二层、局部三层的建筑结构整体模型

步骤：

（1）轴线输入，见例 4-1。

（2）轴线命名。进入"网格生成"子菜单，即可对已输入的轴线进行命名。由于本例中大多数轴线是有规律的，采用成批输入（轴线名）的方法更快捷，弧轴线可不予命名，轴线名见图 4-3。

（3）构件定义。初步估计该结构中的梁、柱、墙、洞口及斜杆的截面形式及尺寸，进入"构件定义"菜单后分别对它们进行定义，本例中无墙、洞口及斜杆。此处需注意的是定义的主梁类型中应包括后面在主菜单 2 中将要输入的次梁截面类型，若到后面的构件布置中发现需要的构件类型未定义，可再回到此菜单下加以定义。

（4）楼层定义。本例中定义了两个结构标准层：第一结构标准层如图 4-3（该图中未表示次梁）。在布置该结构标准层时，由于 2、4 节点上布置的柱截面大于其他柱，为使柱外轮廓线对齐，该柱应偏心布置，输入时可先将这两个柱按无偏心输入，然后利用"偏心对齐"功能即可得到它们的精确位置。同样边轴线梁也可利用这一功能。

第一结构标准层布置完毕后，通过"换标准层"进入第二标准层。第二结构标准层是将第一结构标准层⑦轴线右半部去掉，其余均同，因此可通过"部分拷贝"第一标准层得到，不需重新进行构件布置。对每个结构标准层进行完构件布置后，应根据实际情况对"本层信息"中的部分内容进行修改，本例将梁、柱的混凝土标号改为 C30，板厚改为 80。

（5）荷载定义。本例的活载折减系数为 1.0，共有两个荷载标准层：第一荷载标准层是楼面荷载，恒、活载标准值均为 $2.5kN/m^2$（恒载中包括楼板自重）；第二荷载标准层是屋面，恒载为 $4.0kN/m^2$，活载为 $1.0kN/m^2$。该菜单下荷载值只显示整数位，但小数位亦有效，这可通过主菜单 C 来查看。

（6）楼层组装。本例结构有三层：第一层采用第一结构标准层、第一荷载标准层，层高 3.6m；第二层仍采用第一结构标准层布置，由于该建筑为局部三层，所以二层有部分楼面、部分屋面，可先暂时按屋面荷载层（即第二荷载标准层）定义，楼面部分的不同荷载可到主菜单 3 中再修改，层高 3.3m；第三层采用第二结构标准层、第二荷载标准层，层高 3.3m。此处应注意：程序将结构标准层、荷载标准层相同的楼层（层高可不同）默认为它们的其他荷载也相同，所以在主菜单 3 中将这些层作为一层来处理，本例若将第二层定义为第一结构标准层、第一荷载标准层，到主菜单 3 中则不能对第二层楼面荷载进行修改，若修改则将第一层楼面荷载同时修改。

楼层组装完毕后，不要忘记对该菜单下的"设计参数"进行查看，不符合本工程的应修改，否则程序自动设置这些参数。

（7）退出主菜单 A。至此已完成整个结构的整体描述，可退出此程序，回到 PMCAD 主菜单。退出时应存盘，且需生成数据文件，以用于以后的结构计算。

（8）检查数据文件。在执行此菜单过程中，可显示平面网格与节点图，该图不能显示圆弧网格（但标准层结构示意图可显示），不要误以为该平面网格是错的。若有错误提示或标准层结构显示有误应重新进入主菜单 A 进行修改，直至该数检通过。

（9）输入次梁、楼板。该结构楼面采用现浇肋梁楼盖，次梁布置如图 4-6，⑦、⑧轴线间的次梁应与两侧房间次梁连续，因此应精确计算出其位置。楼板厚在楼层定义时定义为 80，此处将两楼梯间的板厚改为零，并忽略楼梯平台梁对框架的影响（否则应作为层间梁处理）。

（10）输入荷载。本例该部分所需增加的荷载只有填充墙荷载，即梁上恒载。因为楼梯间板厚虽设为零，但该部分楼面荷载仍可传到框架上，此处不应再输入楼梯荷载（此法是一种近似法，精确输入时应按楼梯荷载的实际传递路线计算并输入）。此菜单下有时需进行导荷方式的设定，否则程序自动设定。

（11）平面荷载显示校核。若上一步输入的荷载较多，对输入荷载的准确性没有把握，可进入主菜单 C 进行查看，若输入的荷载较简单，则可省去该步骤。

（12）画结构平面图。进入主菜单 5 后应首先对画平面图的参数进行查看和修改，然后进行绘制结构平面图工作。画板筋时最好采用逐间配筋方式，只画部分有代表性房间，其余用代号表示，以免图面过于杂乱。若采用 TAT 软件进行结构计算，该步应在执行完 TAT 主菜单 6 和主菜单 B 后进行才可自动标注梁柱编号。

对熟悉 AutoCAD 的用户，在该菜单下画完各层结构平面布置图后（图名为 PM＊.T，＊代表层号），可将它们转为".DWG"文件（该工作由主菜单 9 完成），对其进行进一步修改完善，也可在本菜单中对".T"文件进行直接修改。

（13）形成 PK 文件。对较规则的框架结构，其框架和连续梁的配筋计算及施工图绘制可用 PK 软件来完成，而 PK 计算所需的数据文件可直接通过主菜单 4 生成。本例生成②轴线横向框架和底层 B、C 轴间和 C、D 轴间①～⑦轴线的两个连续次梁的计算数据文件，生成框架数据文件时应加入风载，框架计算数据文件名改为 PK2（程序默为 PK-2），两连续梁画在同一张图上，故共用一个计算数据文件，文件名改为 L1（程序默认为 LL-01）。两连续梁名称分别为 LL-1、LL-2（见图 4-6），该名用于施工图中各连梁的命名。

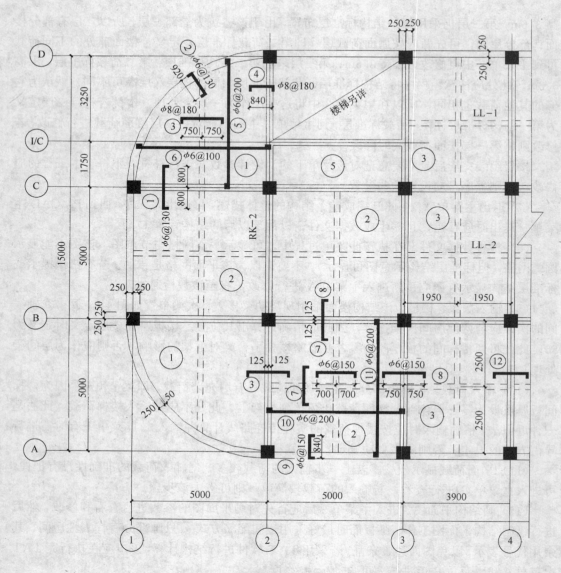

图 4-6 二层结构平面（局部）布置图

4.5 钢筋混凝土框排架及连续梁结构计算与施工图绘制软件 PK

4.5.1 操作步骤及相关参数设置

由于篇幅所限，本节主要叙述常用的框架和连续梁的计算和绘图过程。

进入软件 PK 后，屏幕显示的主菜单如图 4-7 所示。

1. 主菜单 A PK 结构交互数据输入

程序要求分别输入框架的网格，进行构件定义和布置，并输入恒、活、风、吊车荷载及有关地震、材料等参数，过程与 PMCAD 的主菜单 A 类似，但一般不需进行这一步，因 PMCAD 具有自动生成该数据文件的功能。该菜单还可将已有的 PK 计算数据文件或 PM-

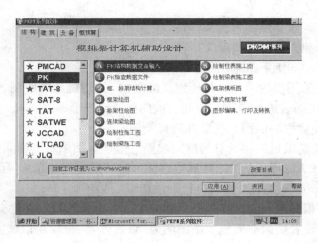

图 4-7 PK 软件主菜单

CAD 生成的 PK 计算数据文件转入交互状态，以便于修改。

2. 主菜单 1 PK 检查数据文件

进入该菜单并输入结构计算数据文件名后，程序首先对数据内容进行物理意义检查（由 PMCAD 形成的数据文件一般均能通过），通过后用屏幕图形检查数据，图形有：框架立面、恒载简图、活载简图、左风载图、右风载图，有吊车时还有吊车荷载图，若与实际情况不符，应检查 PMCAD 所建模型及荷载。

3. 主菜单 2 框排架结构计算

该程序以主菜单 1 最近一次检查通过的计算数据文件为对象进行内力及配筋计算，计算结果同时以数据文件（隐含名为 PK11.OUT）和图形两种形式输出，输出的图形内容如图 4-8。图中的图形拼接项可将 1～9、A～E 项各图拼装在若干张工程图中输出，图纸名为 PK∗.T，∗为图纸序号，建议一般不要用此形式输出，因该文件名极易与框架计算数据文件和施工图重名。2～5 项为设计值图形，6～9 和 A～E 为标准值图形，轴力包络图中柱右标有按地震力组合计算的轴压比，此值若红色显示则超出规范要求。

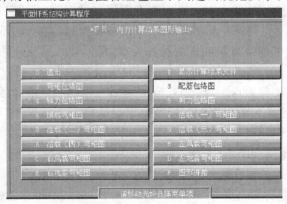

图 4-8 PK 计算结果图形输出内容

4. 主菜单 3 框架绘图

该菜单可画出梁、柱整体框架配筋施工图，启动该菜单后，屏幕显示：

0：采用前次绘图文件已定义的参数；

1：人机交互方式建立绘图数据文件；

2：直接输入已建立的绘图数据文件；

3：读取以前保存的钢筋结果画图。

键入 0，可直接采用上次绘图文件所定义的参数，进行施工图绘制，但在键入 0 前应对前次所画的框架施工图名进行修改，否则会被此次所绘图形覆盖。

键入 2，选预先建好的绘图数据文件进行绘图。

键入 3，直接绘制最近一次计算的框架配筋（但计算结果未被删除）。

键入 1（由 PMCAD 形成的 PK 计算数据文件时一般选择该项），程序要求输入框架绘图数据文件名，对该绘图数据文件名应特别注意：

1) 该文件名不得与前面的计算数据文件同名，否则计算数据文件会被覆盖掉；

2) 因程序自动设置所画框架施工图图名为"该文件名.T"，所以该文件名不能带后缀。

采用人机交互方式建立绘图数据文件，程序将绘图参数分放在三页上，用光标点取哪一页，该页就会转为当前页，即可对其上的参数进行修改。下面分别讲述其内容：

（1）PK 绘图补充文件页

1) 施工图纸规格（DWS）。根据框架尺寸及绘图比例确定，最好将框架及剖面置于一张图上，DWS 前加负号，程序将不画出所有柱的内容，纵向框架常用此画法。

2) 选筋时的归并系数（<1）。相差不大于归并量的钢筋按同一规格选用，一般取 0.2 即 20%。

3) 柱钢筋放大系数（FDC）。

4) 梁下部钢筋放大系数（FDBD）。

5) 梁上部钢筋放大系数（FDBU）。

3)～5) 的放大系数，是设计人员对程序计算结果加以人工干预的一种方法，可借鉴 TAT 软件调整信息页的有关参数取值，选筋时取计算配筋量乘放大系数。

6) 第一层梁顶结构标高（m）。

7) 框架梁是否设弯起筋信息（JWQ）。填 1 时仅当梁跨大于 6m 时将梁下部钢筋的第二排弯起，无第二排筋时不弯；填 2 时，优先弯下部第二排钢筋，无第二排筋时且梁跨大于 6m，也将第一排的中间二根或一根弯起；填 0 时不弯。画弯起筋主要是为考虑节点核心区的抗震要求，但不计入梁支座附近的抗剪钢筋。

8) 底层柱根至钢筋起始点距离（JGLm）。意义见图 4-9。最新版本的软件该参数不需定义，由程序根据规范要求自动确定。

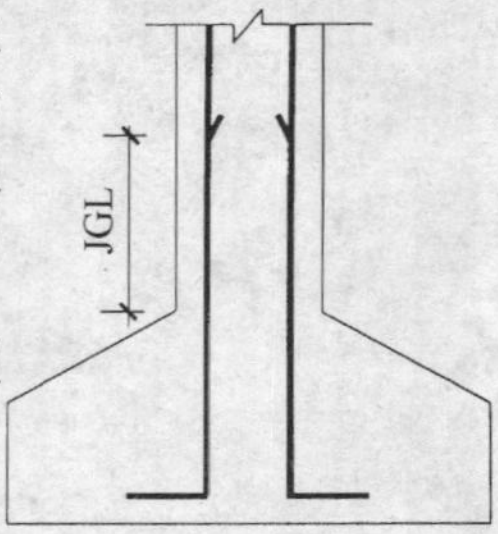

9) 框架梁立面绘图比例（BLK）。

10) 剖面图绘图比例（BLP）。

图 4-9

11) 钢筋的混凝土保护层厚度（m）即梁柱的保护层，一般为 0.025。

（2）画图参数设置及修改页

1) 是否画钢筋表（是：1，否：0）一般可不画。

2) 立面图上画梁腰筋（是：1，否：0）一般可不画。

3) 立面图上画柱外侧筋（是：1，否：0）一般可不画。

4) 主梁弯钩长度归并（是：1，否：0）一般取 1。

5) 十字花篮梁十字挑耳筋直径、间距 该参数用 *.** 表示形式，小数点前为钢筋直径，小数点后为钢筋间距（单位mm），一般取 8.150，即 φ8@150。
6) 十字花篮梁挑耳内通筋直径（mm）一般取 2φ10。
7) 十字花篮梁挑耳外通筋直径（mm）一般取 2φ8。
8) 梁腰筋直径（mm）700＜梁高＜1200 时可取 φ12，梁高＞1200 时可取 φ16。
9) 立面图上注梁标高（是：1，否：0）一般注。
10) 轴线圈内写轴线号（是：1，否：0）。
11) 合并编号不同的剖面（是：1，否：0）一般取 0。
12) 梁支座连梁箍筋加密（是：1，否：0）一般加密。
13) 挑梁下架立筋直径（mm）。
14) 连续梁钢筋表分开画（是：1，否：0）。
15) 是否标注次梁（是：1，否：0）。

(3) 其他信息页

1) 挑梁根数 NTL（总根数≤40）。若有另需布置的挑梁（不包括 PMCAD 中输入的挑梁），此处只需填1，具体根数到后面布置时再确定。若为变截面挑梁则可在此输入，但挑梁传给框架的荷载必须在 PMCAD 主菜单 3 中输入。挑梁直接在 PMCAD 中输入更简便，因此法可通过程序自动将挑梁上的荷载传到框架上，但 PMCAD 只能输入等截面挑梁，若挑梁为变截面，只能到绘制框架施工图时通过其"修改挑梁"菜单修改。

2) 需调整梁顶标高的梁的根数。若同层中梁顶标高不同时，此项需填1，具体根数在后面布置时再确定。

3) 梁截面形状信息。如图 4-10 所示，PMCAD 中不能定义下图中的 5～15 截面形式，

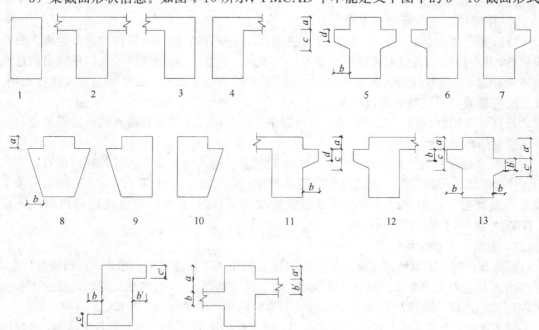

图 4-10

若为这些截面类型，可先定义为矩形，再在此处修改。

4) 柱箍筋形式信息（JCS）。如图 4-11 所示。

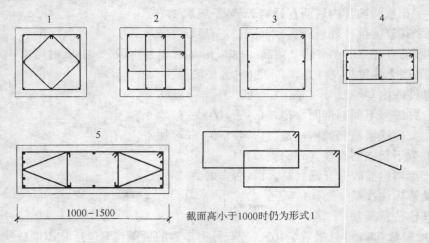

图 4-11

5) 次梁信息（MCL）。由 PMCAD 形成的计算数据文件不需填此项。

6) 柱筋搭接方式（LJFF）。填 0，当每边根数≤4 时，上下柱筋一次搭接，否则分两次搭接；填 1，上下柱筋均分两次搭接；填 2，闪光焊接接头；填 3，焊接搭接，搭接长度取 10d。

7) 框顶角处柱筋入梁（0）或梁筋入柱（1）。

8) 箍筋强度设计值（N/mm²）。

9) 框架梁、柱纵筋最小直径（mm）。

修改完上述信息后，若 NTL=1（有挑梁），程序将要求输入挑梁种类及各类挑梁的有关信息，其中挑梁的截面形式只能是图 4-10 中的 1~4 类，挑梁的挑出长度应从挑出的柱或墙外侧算起，然后程序进入挑梁布置，可用光标选择需挑梁的柱，并从键盘键入挑梁类别，直至所有挑梁布置完再退出该状态。

若有梁需调整标高，程序即进入选择需调整梁状态，选择梁并输入调整的标高值，直至调整完毕再结束该状态。

若梁的截面形状是 5 以后的截面，程序此时要求输入梁截面形状各数据，最后才进入梁、柱配筋施工图的绘制，正式绘图前还可查看或修改图 4-12 中所示的信息，绘出的施工图可在此状态下进行进一步调整（如将挑梁改为变截面），也可存盘退出后再将其转成 ".DWG" 文件进行修改。

5. 主菜单 5 连续梁绘图

若为连续梁，则由主菜单 2 计算完后再进入此菜单进行施工图的绘制，启动该程序后，屏幕出现与进入主菜单 3 相同的 4 个选项，此处只讲述键入 1（人机交互方式建立绘图数据文件）后的过程，若选择其他 3 项中的任一项，均与"框架绘图"相似。

键入 1，程序要求输入绘图数据文件名，该文件名不与所绘的施工图名相联系，该程序显示的绘图参数与"框架绘图"相同，对这些参数进行设定时可不考虑有关柱的参数，参数设定完毕后即进入施工图绘制。绘图过程中要求输入该图名，图名应带".T"，否则无法转为".DWG"文件。

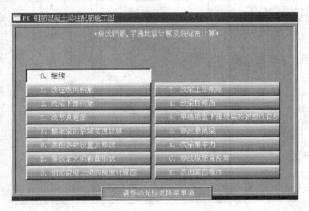

图 4-12

4.5.2 实例

【**例 4-3**】 用软件 PK 计算例 4-2 中的②轴线框架和连续梁 LL-1,LL-2 的配筋,并绘制施工图。

步骤:

(1) 打开 PK 软件,进入主菜单 1,对计算数据文件 PK2 进行数检,若发现错误应返回软件 PMCAD 修改。

(2) 框、排架结构计算。进入主菜单 2 对框架进行计算,计算结束后可在此菜单下查看计算结果,本例柱的轴压比均满足设计要求,其他计算结果也较正常。

(3) 框架绘图。进入主菜单 3,采用人机交互方式建立绘图数据文件,文件名为 PK—2,程序设定的绘图参数值大多符合本例要求,只修改了第一层梁顶结构标高。进入绘图工作之前,查看了框架梁的裂缝宽度及罕遇地震下薄弱层的弹塑性位移,均能满足规范要求,否则应对框架梁、柱截面进行修改。最后绘制出框架施工图,图名为 PK-2.T。

(4) 重新进入主菜单 1,检查连续梁计算数据文件 Ll,若不通过应返回 PMCAD 修改。

(5) 进行连续梁内力、配筋计算,由主菜单 2 "框、排架结构计算"完成。

(6) 进入主菜单 5,绘连续梁施工图。仍采用人机交互方式建立绘图数据文件,绘图数据文件名为 LL,本例不需对程序设定的绘图参数进行修改,直接进入施工图绘制,施工图名为 L1.T。

(7) 将 PK-2.T 和 L1.T 分别转为".DWG"文件(由主菜单 D 完成),对施工图进行修改完善。图 4-13 为 PK-2 和 LL-1 的施工图,因 LL-2 与 LL-1 类似,本例省去其施工图。

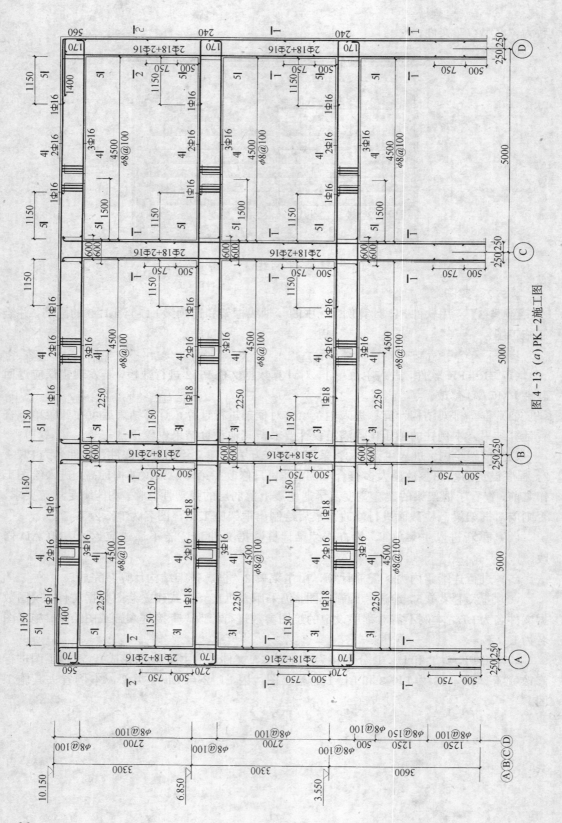

图 4-13 (a) PK-2 施工图

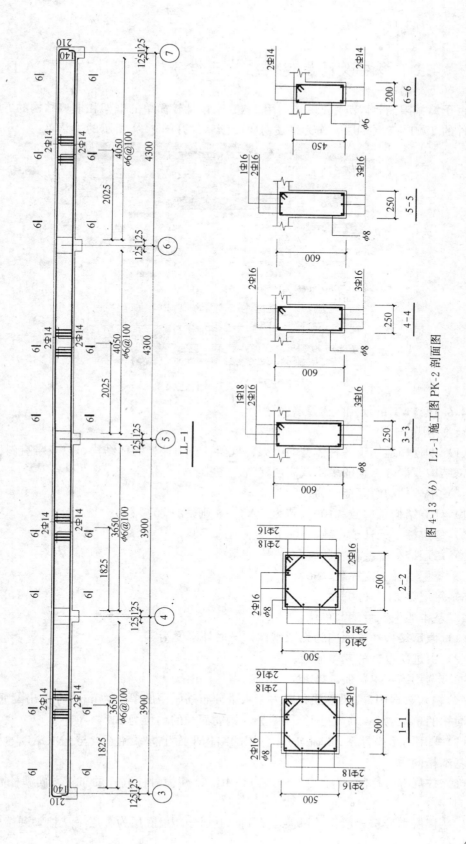

图 4-13 (b) LL-1 施工图 PK-2 剖面图

4.6 多层及高层建筑结构三维分析与设计软件 TAT

由于篇幅限制，本节主要讲述利用 TAT 来设计较简单的框架和框剪结构的方法，且以本软件的 TAT—8（多层）作为讲述对象，该软件有图 4-14 所示的主菜单：

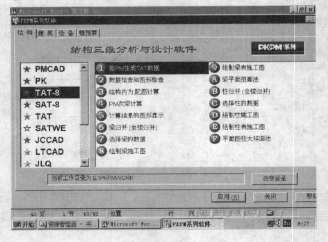

图 4-14 TAT 软件主菜单

4.6.1 TAT 的使用范围及有关说明

1. 使用范围

（1）本程序适用于各种体型的框架、框剪、剪力墙、筒体结构，以及带有斜柱、钢支撑的钢结构或混合结构的多层及高层建筑。

（2）本软件的解题能力为：

1）计算结构总层数≤100（若为 TAT—8 则≤8 层）。

2）每层柱＋无柱节点数≤2000。

3）每层墙（薄壁柱）数≤500。

4）每层斜柱＋支撑数≤500。

5）每层梁数≤4000。

2. 基本假定、量纲、单位

（1）假定楼板在平面内为无限刚性，平面外刚度为零。

（2）引进薄壁杆的基本假定。

（3）选用国际单位制，即 kN·m 制。

（4）输入数据中柱、梁箍筋和剪力墙水平分布筋间距的单位为 mm；在输出配筋文件中，钢筋面积的单位为 mm^2；在配筋简图上，钢筋面积的单位为 cm^2。

（5）采用右手坐标系，Z 轴向上，各层的结构平面坐标系和原点与 PMCAD 建模时的坐标系基本相同。

（6）柱局部坐标的 x，y 方向分别为 PMCAD 建模时柱宽 B 的布置方向和柱高 H 的布置方向。

（7）楼层划分按一般设计习惯，从下向上划分，最底层为 1 层（从柱脚到楼板顶面），向上分别为第2、第3层等，依次类推。

(8) 程序中的名词解释：

1) 标准层——是指具有相同几何、物理参数的连续层，不论连续层的层数是多少均称为一个标准层；在TAT中标准层是从顶层开始算起为第1标准层，依次从上至下检查，如几何、物理性质有变化则为第2标准层，如此直至第1层。它与PMCAD定义标准层的顺序相反；

2) 薄壁柱——由一肢或多肢剪力墙形成的竖向受力结构，亦可称为剪力墙；

3) 连梁——两端与剪力墙相连的梁称为连梁，亦可称为连系梁；

4) 无柱节点——有两根或两根以上梁的交点，此交点下面没有柱；

5) 工况——一种荷载（如风、地震等）作用下，称为结构受一种工况荷载。多种荷载组成一种荷载（如风+地震）作用下，也称为结构承受一种工况荷载。

3. TAT运行注意事项

(1) 从PMCAD到TAT转换时，对不同版本，不同工程应先删除 *.BIN 和 *.TAT 文件。

(2) 正式计算之前，必须先通过数据检查。

(3) 如果修改了与刚度有关的参数如：梁弯曲刚度放大系数、连梁刚度折减系数（调整信息页）、活载质量折减系数（地震信息页）、混凝土构件的容重（材料信息页）等参数，应全部从头重新计算；如果修改了与地震周期、地震力有关的参数如：振型组合数、地震设防烈度、场地土类别、近震远震标志、周期折减系数（地震信息页）等参数，必须重新从周期、振型算起；如果修改了扭转耦联标志（地震信息页）则应从刚度算起；如果修改了梁端负弯矩调幅系数、梁跨中弯矩放大系数、鞭梢效应放大系数、$0.2Q_0$调整起止层号（调整信息页）、梁柱箍筋间距、墙水平分布筋间距（材料信息页）等参数，则只要重新计算配筋即可。

(4) 在与PK连接绘制框架施工图时，应注意PK只读TAT的构件钢筋面积，构件的截面尺寸、跨度、标高、偏心均从PMCAD中读得，所以要想用PK接TAT画施工图，该结构必须从PMCAD中读入，并且如果用TAT计算完后需要调整截面等，应在PMCAD中调整，再转换，否则施工图与配筋不符合；

(5) 多塔、错层的补充数据文件不要在不同的工程中混淆；

(6) 多塔和错层设置后，应检查相应的数据文件，以避免产生设置错误，用前处理菜单来检查；

(7) 只有各层配筋计算完后，才可接PK、JLQ画施工图；

(8) 只有计算了底层内力，才产生基础荷载接口；

(9) 只有计算了上刚度凝聚，才可进行上下部刚度共同工作；

(10) 梁、柱整体归并系数要理解，才能正确选择；

(11) 梁柱归并后应回到PMCAD的主菜单5作结构平面图（标注字符→自动标注→TAT归并）时才能归并编号。

4.6.2 TAT操作过程及相关参数设置

1. 主菜单1 接PM生成TAT数据

要使该菜单顺利完成，在此之前必须执行过PMCAD软件的主菜单A、1、2、3，且当前用户子目录中应有PMCAD软件主菜单2生成的TATDA1.PM和LAYDATN.PM及主菜单3生成的DAT＊.PM文件。此外还需删除当前用户子目录中其他工程项目的"＊.TAT"文件和DATA.BIN（TAT软件中表示几何和荷载文件的二进制形式文件，数检后生成）文件。

进入该菜单后，一般应选择生成荷载文件和计算风载，以便将由PMCAD生成的本工程的几何信息和荷载信息转为TAT计算所需的文件DATA.TAT和LOAD.TAT。完成该菜单后还可生成一附加接口文件TOJLQ.TAT，它是用PK、JLQ、JCCAD画施工图的必要接口软件。

2. 主菜单2　数据检查和图形检查

该菜单有多项功能：

0：返回。返回TAT主菜单。

1：数据检查。检查几何文件和荷载文件的正确性，若有错则有提示；计算柱、墙、支撑下端水平刚域；找出调幅完整主梁和不调幅梁；计算柱计算长度系数（混凝土柱按《钢筋混凝土结构规范》计算，即底层为1.0，其他层1.25；钢柱按《钢结构规范》计算）。任何工程都须执行该步骤。

2：多塔和错层定义。本菜单对整个结构作多塔、错层的自动搜索，当为多塔结构时，自动生成多塔数据文件D-T.TAT，当为错层结构时，自动生成错层数据文件S-C.TAT，如没有可不进行此步骤。

3：参数修正。屏幕上共设了6页参数（鼠标点取的页会自动变为当前页），应根据本工程实际情况，对各参数逐一检查或修改。各参数的意义如下：

1）总信息页：

①地震力计算信息。0：不算地震力；1：只算X向地震力；2：只算Y向地震力；3：算两个方向的地震力。一般选3。

②竖向力计算信息。0：不算竖向力；1：按一次性加载计算竖向力；2：按模拟施工计算竖向力。一般选2。

③风荷载计算信息。0：不算风载；1：只算X向风载；2：只算Y向风载；3：两个方向风载都算。一般选3。

④水平力与整体坐标夹角（度）。当该角为零时，所求水平力总是沿着坐标轴方向作用的，当该方向水平力对结构不起主导作用时，则应通过改变此夹角来改变水平力的作用方向，逆时针为正。

⑤恒载、活载分开计算。0：恒、活不分开算；1：恒、活分开算。若要考虑活荷载的不利布置，一定要将恒、活分开算，多层结构一般应考虑活荷载的不利布置。

⑥地下室层数。

⑦梁端负弯矩、刚域考虑柱宽影响。0：不考虑柱宽影响，将支座中心线弯矩作为梁端弯矩；1：考虑（将柱边弯矩作为梁端弯矩）；2：梁的刚域按柱宽1/2考虑。

⑧柱计算长度系数。0：有侧移；1：无侧移。对钢筋混凝土结构，一般选0；对纯钢结构，由于其截面和刚度均较小，荷载作用下产生的位移较大，不能忽略轴力和位移共同作用产生的附加弯矩，一般应选1。

2）地震信息页：

①是否考虑扭转耦联。0：不考虑耦联；1：考虑耦联。对于平面很不对称的结构，宜考虑扭转耦联。此外，当地震力计算采用总刚模型（算法2）时，必须考虑耦联。

②计算振型个数。一般应≥3，且最好为3的倍数。当考虑耦联时，振型数一般应≥9，

结构越复杂，所取振型越多，但若不考虑耦联，振型个数应≤层数。

③ 地震烈度。

④ 场地土类别。对上海地区填-4。

⑤ 近震、远震信息。1：近震；2：远震。

⑥ 周期折减系数。当框架有砖填充墙时，会增加结构的总体刚度和地震反应，减少结构地震周期，因此应考虑周期折减。折减系数应视填充墙多少而定，一般取0.7~1.0。

⑦ 活载质量折减系数。对高层建筑，计算地震力时活载允许折减50%（重力荷载代表值中的活载），但作为安全储备，有时可不对其折减，此系数一般取0.5~1.0。

⑧ 地震力放大系数。视结构布置而定，一般不需放大。

⑨ 框架抗震等级。

⑩ 剪力墙抗震等级。

⑪ 按钢结构计算地震力。0：按抗震规范计算地震力；1：按"高层钢结构规程"计算地震力。

⑫ 结构的阻尼比。钢筋混凝土结构为0.05，钢结构0.02，混合结构介于其间。

3) 调整信息页：

① $0.2Q_0$ 调整起始层号。一般只用于框剪结构主体结构中的框架，一旦结构内收就不再调整。

② $0.2Q_0$ 调整终止号。

③ 梁弯曲刚度放大系数。考虑现浇板对梁刚度的有利作用，该系数对连梁不起作用。

④ 梁端负弯矩调幅系数。即考虑塑性内力重分布作用，一般工程取0.85，钢梁不能调整。

⑤ 梁跨中弯矩放大系数。主要用于多层，当不考虑活载不利布置时，应用本系数来考虑其不利布置的影响。一般工程取1.2，钢梁不能调整。

⑥ 连梁刚度折减系数。主要用于两端与剪力墙相连的梁，考虑其破坏过程中对剪力墙的卸载作用，一般工程取0.7。

⑦ 梁扭转刚度折减系数。考虑梁开裂后抗扭刚度降低，从而向楼板卸载的影响，一般工程取0.4。

⑧ 顶塔楼内力放大起算层号。不放时填0。

⑨ 顶塔楼内力放大起算系数。

　　　　　非耦联：3≤振型数<6，取3.0；
　　　　　　　　　6≤振型数<9，取1.5。
　　　　　耦联：　9≤振型数<12，取3.0；
　　　　　　　　　12≤振型数≤15；取1.5。

⑩ 框架底层柱底弯矩调整系数。程序自定：一级抗震1.977；二级抗震1.25；三、四级抗震1.0。

⑪ 框架底层柱底剪力调整系数。程序自定：一级抗震2.196；二级抗震1.375；三、四级抗震1.0。

⑫ 框架柱弯矩调整系数。程序自定：一级抗震1.331；二级抗震1.1；三、四级抗震1.0。

⑬ 框架柱剪力调整系数。程序自定：一级抗震1.464；二级抗震1.21；三、四级抗震1.0。

⑭ 框架梁剪力调整系数。程序自定：一级抗震1.271；二级抗震1.05；三、四级抗震1.0。

⑮剪力墙加强区剪力调整系数。程序自定：一级抗震 1.331；二级抗震 1.1；三、四级抗震 1.0。

⑩～⑮系数：对Ⅰ、Ⅱ抗震等级的框架、剪力墙，应考虑概念设计要求（强柱弱梁、强剪、强节点），因此对柱、剪力墙钢筋应进行调整，TAT 是通过间接调整内力来达到这一目的的。

4）材料信息页：

①混凝土容重。若考虑梁、柱、墙上的抹灰荷载，一般应取 $26\sim28\mathrm{kN/m^3}$，否则取 $25\mathrm{kN/m^3}$。

②梁主筋强度设计值。

③梁箍筋强度设计值。

④柱主筋强度设计值。

⑤柱箍筋强度设计值。

⑥墙主梁筋强度设计值。

⑦墙水平筋强度设计值。

②～⑦项，可由用户输入非标准钢筋。

⑧梁箍筋间距。

⑨柱箍筋间距。

⑩墙水平分布筋间距。

⑪墙竖向分布筋配筋率（％）。

⑫钢容重≥$78\mathrm{kN/m^3}$。

⑬钢号。

⑭钢净面积与毛面积的比值。

5）组合配筋信息页：

①地震力分项系数，一般取 1.3。

②风力分项系数，一般取 1.4。

③恒载分项系数，一般取 1.2。

④活载分项系数，一般取 1.4。

⑤竖向地震力分项系数，若不考虑竖向地震力取 0，考虑取 0.5。

⑥风力、活载组合系数，多层取 0.85，高层取 1.0。

⑦地震、活载组合系数，多层 0.5，高层 1.0。

⑧柱配筋保护层厚度，为钢筋合力点至柱边的距离，一般为 35。

⑨梁配筋保护层厚度，意义同上，一般单排筋取 35，双排筋取 60。

⑩墙暗柱长 2.0 * T 的最大墙厚，一般取 350～400。

⑪墙暗柱长 1.0 * T 的最小墙厚，一般取 600～700。

⑫柱、墙活载折减系数。0：不折减；1：按荷载规范折减；2：由用户设定。若 PMCAD 中 ALIVE＜1.0，此处不能再折减，对高层一般不折减活载。

6）风载计算信息页：

①修正后的基本风压。为基本风压乘调整系数，详见《建筑结构荷载规范》（GBJ 9—87）6.1.2～6.1.7。

②地面粗糙类别。根据荷载规范分类确定。

③结构类别。1:框架;2:框剪;3:剪力墙;4:钢结构。

④体型分段数。对下方上圆或下圆上方等特殊体型结构,由于各段体型系数不同,因此应分段。

⑤是否重新生成风载。若定义结构为各塔或结构整体坐标转动,则应重新生成。

4:特殊梁、柱、支撑、节点定义。运行此项程序,可由用户逐个确认和修改所有不调幅的梁、铰接梁、连接剪力墙肢的连梁、角柱、框支柱、铰接柱、铰接支撑、弹性节点(只有梁、柱支撑但无楼板支撑的节点)等。

当结构布置修改后,梁、柱等编号可能发生变化,这时应删除文件 B-C.TAT(特殊梁、柱文件),以免与原布置造成混淆。

5:检查和修改各层柱计算长度系数。程序按规范给出柱计算长度系数,对特殊柱(如平面内有梁而平面外没有梁联系的柱)应对其进行修改。

6:检查和绘制各层几何平面图。用户可选择此项来直观检查和绘制几何平面布置。

7:检查和绘制各层荷载图。用户可选择此项来检查和绘制各层荷载图,其中白色为恒载,黄色为活载。

8:文本文件查看。因有直观图形查看,一般不需用此项。

第一次执行主菜单2时,可按顺序从1~7各项运行。但若结构定义为多塔结构(第2项)或改变了总信息中的水平力与整体坐标的夹角(第3项)或定义了弹性节点(第4项),均应重新计算风荷载(即重新执行"参数修正",将风荷载信息页中的最后一个参数改为1),并通过数据检查(第1项)。若定义了弹性节点,在重新计算风荷载前还需再进行多塔、错层搜索(第2项)。

3. 主菜单3 结构内力配筋计算

目前该主菜单下有如下可操菜单:

0:返回。返回 TAT 主菜单。

1:参数修正。对主菜单2中的各参数进行补充修正,目的是为方便用户随时调整参数而不必返回前菜单。

2:结构的周期、位移、内力、配筋计算。

3:十二层以下框架的薄弱层计算。

选择2,屏幕弹出如图4-15菜单,用鼠标击选择区,会依次显示算与不算。

(1)结构分块、总刚计算 要计算结构的内力位移,必须计算此项。

图 4-15

(2)周期、地震力计算 若有抗震设防要求,必须计算此项,该项有三个选择:算法1、算法2和不算,算法1为用侧刚模型来求地震力,即引入楼板平面内无限刚或分块无限刚(多塔结构),平面外刚度为零的假设,一般结构均可选用此算法。算法2是用总刚模型来计算地震力,它对楼板采用"弹性楼板"假定,当结构中错层构件较多或有弹性节点时,应采用此算法。

(3)位移计算 此项有两个选择,一是算或不算,一般均算;另一个是若计算,则输出时有两种方式"简"或"详",若选择"简",则只输出各工况下各层的最大位移和最大层间位移,若选"详",则输出各工况下各层的位移和内力,一般选"简"即可。

(4)梁活载不利布置 对多层结构,由于活载在总荷载中所占比例较大,其不利布置对结构构件的影响较明显，因此一般应考虑活载的不利布置，但计算此项会增加计算时间，当结构布置和活荷载未变，其他参数有变动时，可不计算该步，因程序能自动记录该计算结果。

(5) 基础上刚度计算　计算基础上刚度是为了在基础计算时能考虑上部结构的实际刚度，使上、下部结构共同工作，计算此项可使基础内力分析更精确。对上部结构中各构件轴向变形不均匀或总体刚度较小的结构，应计算该项。

(6) 构件内力标准值计算　若不计算内力，则不能进行配筋计算，一般应计算此项。

(7) 配筋计算及验算　该项中可选择分层计算也可全部计算，当只有部分层发生变动时，可只算这些层，以减少计算时间。

主菜单 3 下的另一计算功能是可对十二层以下框架进行薄弱层计算，根据《建筑抗震设计规范》规定，要对 7～9 度时楼层屈服强度系数小于 0.5 的框架结构，底框及甲类建筑中的钢筋混凝土结构进行罕遇地震作用下的薄弱层抗震变形验算。因高层建筑中很少有此类结构，所以在 TAT 软件中仅对小于 12 层的框架结构进行验算。

4. 主菜单 4　PM 次梁计算

选择此菜单，将把 PMCAD 主菜单 2 输入的所有次梁按连续梁的方式全部计算，其配筋可在 TAT 配筋图中显示，该步不参与 TAT 整体计算。

5. 主菜单 5　计算结果的图形显示

该菜单下可分别显示并绘制下列计算结果图形：

(1) 楼层振型图。进入该项，用户可根据要求给出各个振型的振型图，作为判断计算结果合理性的指标之一。

(2) 绘各层配筋简图。选择此项，用户可查看和输出结构各层的配筋简化图，程序默认图名 PJ＊.T，＊代表层号，图中各数据的含义：

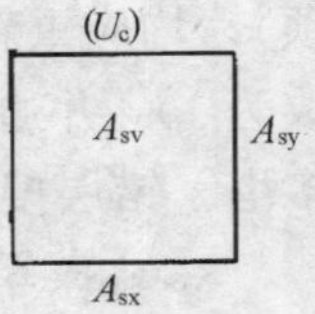

对柱：表示形式如图 4-16，其中 A_{sx}、A_{sy} 表示柱两边的配筋面积 (cm^2)，A_{sv} 表示柱 S_c 范围内箍筋面积 (cm^2)，U_c 表示该柱的轴压比，柱主筋单边不小于 A_{sx}、A_{sy}，其总配筋面积不小于 $2 \cdot (A_{sx}+A_{sy})$。

图 4-16

对墙：

其中 A_s 表示墙肢一端的暗柱配筋总面积 (cm^2)，A_{sh} 为 S_{wh} 范围内水平分布筋面积 (cm^2)，如按柱配筋，A_s 为截面一半的钢筋面积。

梁的表示形式为：

$$\frac{A_{s1} - A_{s2} - A_{s3} - GA_{sv}}{A_{s4} - A_{s5} - A_{s6} - VTA_{st} - A_{st1}}$$

式中　A_{s1}、A_{s2}、A_{s3}——梁上部（负弯矩）左支座、跨中、右支座配筋面积 (cm^2)；

A_{s4}、A_{s5}、A_{s6}——梁下部（正弯矩）左支座、跨中、右支座的配筋面积 (cm^2)；

A_{sv}——梁在 S_b 范围内的箍筋面积 (cm^2)，它是取 A_{sv} 与 A_{stv} 中的大值，A_{st} 表示梁受扭所需要的纵筋面积 (cm^2)；

A_{st1}——梁受扭所需要周边箍筋的单根钢筋的面积 (cm^2)。

支撑的表示形式为：$A_{sx}—A_{sy}—GA_{sv}$

其中：A_{sx}、A_{sy}、A_{sv} 的解释同柱，支撑配筋的看法是：把支撑向 Z 方向投影，即可得到如柱一样的截面形式。

(3) 绘各层梁内力配筋包络图。选择此项，用户可以查看和输出各层梁的标准内力图

（地震、风载、恒活载及其组合作用下梁的弯矩图，剪力图），控制配筋的设计内力包络图及配筋包络图。

说明1：在[弯矩图]、[剪力图]的标准值中：

恒——表示恒荷载作用下梁的弯矩和剪力；

活1——表示活荷载一次性作用下梁的弯矩和剪力；

活2——表示活荷载不利布置作用下梁的负弯矩和剪力；

活3——表示活荷载不利布置作用下梁的正弯矩和剪力；

X、Y向风力——表示在X、Y向风力作用下梁的弯矩和剪力；

X、Y向地震——表示在X、Y向地震作用下梁的弯矩和剪力；

竖向地震——表示在竖向地震作用下梁的弯矩剪力；

说明2：在包络图中：

弯矩包络——表示控制梁正负配筋的弯矩包络图；

剪力包络——表示控制斜截面配筋的剪力包络图；

主筋包络——表示梁抵抗正负弯矩的配筋包络图；

箍筋包络——表示梁斜截面抗剪的配筋包络图。

该菜单下每层均有多个图，但程序默认图名为PB∗.T，∗为层号，即同一层中的多个图共用同一图名，若想保留一层中的多个图，应对这些图改名，本菜单中有该功能。

（4）绘底层、柱、墙最大组合内力图。选择此项，可以把专用于基础设计的上部荷载以图的形式查看，其在右上角菜单区中：

最大的剪力含有：V_{xmax}、V_{ymay}；最大轴力含有：N_{max}、N_{min}；最大弯矩含有：M_{xmax}、M_{ymax}以及恒+活，均为设计荷载，即已含有分项系数，但不包含Ⅰ、Ⅱ级抗震的调整系数以及框支柱调整系数。

注意：在搜索最大值或最小值时，当遇有地震参与时，其内力除1.25，然后再去比较，但输出的内力是没除的。这是因为在基础设计时，上部外力如有地震参与，其地耐力要提高1.25倍。

（5）文本文件查看。有多个计算结果文件可供查看，但由于配筋和内力结果可由图形查看，一般不需通过文本文件查看结果，该功能可对无图形输出的其他计算结果，如楼层位移、超配筋信息等进行查看，具体格式详见4.6.3。

6. 主菜单6 梁归并

TAT—8软件主菜单6～9、A～F实际上同高层TAT软件主菜单6（接PK绘制梁柱施工图）的功能，在运行这些菜单及主菜单4时，由于要调用PK软件子目录中的程序，因此必须在机上同时配置PK软件。

梁（包括PM的次梁）归并规定把配筋相近、截面尺寸相同、跨度相同、总跨数相同的若干组梁配筋选大归并为一组，从而简化画图输出。归并可在一层或几层，也可在全楼范围内进行。根据用户给出的归并系数，程序在归并范围内自动计算归并出有多少组需画图输出的梁，用户只要把这几组梁画出就可以表达几层或全楼的梁施工图了。

梁归并考虑的钢筋有梁的上、下配筋与箍筋，每次参加归并的连续梁数量每层不超过400根，归并后的梁不超过1000根，如超出应在更少的某几层之间归并。

归并结果示意图中标出各归并梁的顺序编号，如KL-3（5）表示经归并后的第三组框架梁，这组梁有5跨。右边的菜单中有"归并信息"供用户查看，还有"名称编辑"，用户可对程序自定义的梁名称的前缀部分逐个修改或全部修改。

7. 主菜单7　选择梁的数据

该菜单用来选择需画施工图的梁，有三种选择方法：

（1）从平面图上选取归并后的梁数据。选取该方法，则可将归并结果显示在每一层结构平面上，用光标从平面上点取要画的梁，然后程序提示这组梁的名称（该名称将置于施工图的该梁下面），一般应选隐含名，因隐含名是程序对梁归并后的命名，这样可与结构平面布置图中的命名对应。该方法可同时选取不同层的不同梁，层间切换用TAB键即可。

（2）交互获取梁数据。该法可选取同一层上若干组梁，与方法一不同的是每一组梁若需全部画则多个梁段应连续点取才有效。若只需画出一框架或连续梁的部分跨，则必须用此法选取，若需选整根梁，则用方法一更简便。一组梁选完后同样需给出该组梁的名称。

在选取该法后，如不输入归并的起始、终止层号，则程序选钢筋时仅考虑本层梁计算结果，如给出则程序可在归并层各层梁间挑选配筋最大值作为该组梁配筋。

（3）整层选取归并后的梁数据。可选取一整层或几层或全楼范围内所有归并梁的数据，从而完成批量出图。但要注意每次操作梁的组数≤100，为避免后来挑选的层中包含有前面层中已输出的梁，应注意程序对已选取梁取、舍的提示。

8. 主菜单8　绘制梁施工图

该菜单调用PK软件的绘图程序，将主菜单7选取的梁画在一张或若干张施工图上，其过程为：

（1）建立绘图数据文件。一般采用人机交互方式（有四个选择，详见4.5.1），该处的绘图数据文件名与后面的施工图名不存在自然联系。

（2）画施工图。一般应对梁进行归并。PK在选择梁的纵筋和箍筋时，没有自动读取梁抗扭附加纵筋结果的功能，若需考虑梁的抗扭设计，则应参照TAT配筋输出结果（PJ∗.T）进行必要修改。

画施工图时，该程序对框架梁、连续梁和PK次梁按不同的构造进行处理：

1）框架梁按框架梁的抗震构造出图；

2）对以梁为支座的连续梁不设箍筋加密区，其下部纵筋伸入支座的锚固长度取$15d$；

3）对PM次梁，纵筋最小直径取14，梁上角筋在同层各跨连通。

9. 主菜单9　绘制梁表施工图

本菜单可将主菜单7选中的梁生成画梁表所需同的数据，并画出梁表施工图，梁表施工图是按照广东等地区的梁施工图出图习惯编制的，步骤与主菜单8类似，此处略。

10. 主菜单A　梁平面图画法

本画法可把梁的配筋标在每一层的平面图上，但在这之前必须已完成过主菜单6的梁归并操作，程序将相同配筋的连续梁合并并给出名称，再经过选筋后把每一连续梁的钢筋标在平面图上，右边菜单可对选筋作修改，还有结构平面布置图的各种补充画图功能。该菜单除画出平面图外，还画出梁配筋的图例，以说明梁一般的构造要求。这种画法简单，但大量配筋的详细构造还需由用户补充画出或作详细说明。

11. 主菜单B　柱归并

柱归并必须在全楼范围内进行，归并条件为满足几何条件（柱单元数据、单元高度、截面形状与大小）和归并系数，柱归并考虑的钢筋有每根柱两个方向的纵向受力筋和箍筋。柱归并过程中硬盘空间至少需1M。柱归并编号为Z-×（×），如Z-3（2），代表归并后的第三根柱，共2层。

12. 主菜单C　选择柱数据

与主菜单7类似，此处略。

13. 主菜单D　绘制柱施工图

将主菜单C所选柱画在一张施工图上，操作与主菜单8类似。

14. 主菜单E　梁、柱表施工图

将主菜单C所选柱按广东地区梁柱表画法画出柱的施工图。

15. 主菜单F　平面图柱大样画法

柱平面大样画法是以平面图的形式画出柱的位置，标出柱的配筋种类，并选其中1进行大样画法。

4.6.3　TAT的文件管理及部分输出文件格式

1. TAT的主要文件

(1) 工程原始数据文件

这里所说的原始数据文件是指PMCAD主菜单A、1、2、3生成的数据文件，若工程数据文件名为AAA，则工程原始数据文件包括AAA.＊和.PM。

(2) TAT基本输入文件

几何数据文件：DATA.TAT

荷载数据文件：LOAD.TAT

多塔数据文件：D—T.TAT

错层数据文件：B—C.TAT

特殊梁柱数据文件：B—C.TAT

后三个文件称为附加文件，不一定每个结构都有。

(3) 计算过程的中间文件

计算过程的中间文件对硬盘的占用量比较大，其文件内容为：

DATA.BIN—数检后的几何和荷载（用二进制表示）；

SHKK.MID—结构的总刚；

SHID.MID—单位力作用下的位移；

SHFD.MID—结构各工况下的位移。

其中：DATA.BIN是在前处理的数据检查时生成的，其余的中间数据文件都是在结构整体分析时生成的，程序没有自动删掉这些中间数据文件，其目的是为了便于分步进行计算，以减少不必要的重复计算工作。计算完成后，若想留出更多的硬盘空间给其他工程使用，可删掉这些中间数据工文件。

如果在同一子目录做不同的工程，则必须把＊.TAT，DATA.BIN文件删除。

(4) 主要输出结果文件

TAT软件的输出结果文件分两部分，一部分是以文本格式输出的文件（＊.OUT），另一部分为图形方式输出的图形文件（＊.T）。

1) 文本文件输出（括弧内是考虑时程分析返算的文件）

TAT—C.OUT　　　　　　　　　　　　　　　数检报告

TAT—C.ERR	出错报告
GCPJ.OUT	超配筋信息文件
DXDY.OUT	各层柱墙水平刚域文件
TAT—M.OUT	质量、质心坐标和风荷载文件
TAT—4.OUT（TAT—4D.OUT）	周期、地震力和位移文件
TAT—K.OUT（TAT—KD.OUT）	薄弱层验算结果文件
V02Q.OUT（DV02Q.OUT）	$0.2Q_0$调整的调整系数文件
NL—*.OUT（DNL—*.OUT）	各层内力标准值文件（*代表层号）
PJ—.OUT（DPJ—*.OUT）	各层配筋、验算文件（*代表层号）
DCNL.OUT（DDCNL.OUT）	底层柱、墙底最大组合内力文件
DYNAMAX.OUT	动力时程分析最大值文件

2) 图形文件输出（括弧内是考虑时程分析返算的文件）：

FP.T	各层平面图（*代表层号）
FL*.T	各层荷载图（*代表层号）
PJ*.T（DPJ*.T）	各层配筋简图（*代表层号）
PB*.T（DPB*.T）	各层梁内力配筋包络图（*代表层号）
DCNL*.T（DDCLL*.T）	底层柱、墙底最大组合内力图（"1"最大剪力，"2"最大轴力，"3"最大弯矩，"4"恒十活）
DYNA*.T	动力时程分析的最大值图
MODE.T	振型图
地震波名.T	地震波图

另接 PK 所绘的施工图，图名由用户自定义。

（5）前后接口文件

TOJLQ.TAT	由 PM 转到 TAT 的接口文件
TATNL.TAT	传 TAT 各层内力文件
TATPJ.TAT	传 TAT 各层配筋文件
TATJC.TAT	把 TAT 内力传给基础文件
TATFDK.TAT	把 TAT 上部刚度传给基础文件

2. 部分输出文件格式

（1）数检出错报告 TAT—C.ERR。

对于数检中发现的错误或警告性错误，程序都把它们写在 TAT—C.ERR 文件中，用户可以参照 TAT 使用手册中的出错信息表，根据错误号码来对照阅读。

（2）质量、质心座标和风载文件 TAT—M OUT

此文件共分两部分：

1) 各层质量输出

格式：

Flr,tower,Dead—Load Mass,Live—Load Mass,sefweight Mass,Mss Ceater,Mass—Moment

其中：

Flr——各层层号；
Tower——各层塔号；
Dead—Load Mass——恒载质量（t）标准值；
Live—Load Mass——活载质量（t）标准值；
Selfweight Mass——梁、柱、墙、支撑自重，它已包含在恒载之中（t）；
Mass Center——质心坐标（m），分 X，Y；
Mass—Moment——质量矩（t $*$ m^2）。

如果结构中还有弹性节点，则在各层质量输出后还输出各层弹性节点的质量，格式：
Flr,, Dead—Load Mass, Live—Load Mass
其中：
Node：该弹性节点在本层的节点号。
然后输出结构的总质量，格式：
Reducing Factor of Live—Load Mass：活荷载质量折减系数；
Total Dead—Load Mass：全楼恒载之和（t）标准值；
Total Live—Load Mass：全楼活载之和（t）标准值；
Total Mass——全楼恒＋活之和（t）。

2）各层风荷载输出。
如果计算风荷载，则在质量写完之后，输出各层风力、风剪力和弯矩。其格式为
Flr, Tower, X（Y）—wind, X（Y）—shear, X（Y）—Moment, Hh
其中：
X（Y）—wind：X（Y）向各层风力；
X（Y）—D：X（Y）向风力与质心的偏心距；
X（Y）—Shear：X（Y）向风力剪力；
X（Y）—moment：X（Y）向风弯矩；
Hh：各层层高。
另 Y 向与 X 类似，格式相同。
如果结构中还有弹性节点，则在其后还输出各层弹性节点处的风力，格式：
Flr, Node, X—wind, Y—wind
其中：
X—wind, Y—wind：该弹性节点的 X，Y 向风力。

(3) 周期、地震力和位移文件 TAT—4.OUT
1）非耦连时周期和地震力输出：
格式：T_1, T_2, ……
Flr, Tow, Mode, Force
其中：
T_1, T_2, ……——分别为 X，Y 向第 1、2，……振型周期；
Mode——各层振型归1化位移，写为 Mode$_1$, Mode$_2$, ……（X，Y 方向）；
Force——各层地震力，写为 Force$_1$, Force$_2$, ……（X，Y 方向）。
在 X，Y 向周期、振型、地震力输出之后，输出：

Q_{ox}(y), Q_{ox}(y)/Ge, M_{ox}(y)

其中：

Q_{ox}(y)——X(Y)向地震力作用下在X(Y)向产生的基底剪力(kN)；

Q_{ox}(y)/Ge——X(Y)向基底剪力与结构总重力的比值；

M_{ox}(y)——X(Y)向地震力在X(Y)各产生的倾覆弯矩（非矢量方向）。

Y向的基底为剪力、比值和倾覆弯矩的输出与X向相同。

2) 考虑耦联时周期、振型、地震力输出：

格式：T_1, T_2, ……

Number of Mode (1, 2, …)

Flr, Tow, X—Direct, Y—Direct, T—Direct

X(Y) Earthquake force of Consider X(Y) Direction Only

Earthquake Force Of Mode (1, 2, ……)

Flr, Tow, X—Direct, Y—Direct, T—Direct

其中：

T_1, T_2, ……——考虑耦联后的结构自振周期，按T1, T2, …输出。

Number of Mode——各振型的振型值，按三个方向的分量归一化。

X—Direct——X向振型分量值；

Y—Direct——Y向振型分量值；

T—Direct——转角振型分量值。

然后输出仅考虑X(Y)向作用的地震力，其在三个方向的贡献为：

X—Direct——X向地震力；

Y—Direct——Y向地震力；

T—Direct——转角方向的扭矩。

Earthquake Force of Mode (1, 2, …) 表示各振型的地震力。

在X, Y地震力输出之后，输出Q_{ox}(y), Q_{ox}(y)/Ge, M_{ox}(y)，其含义同上。

3) 位移输出：

位移输出也分两部分，第一部分为各工况下各层的最大位移和最大层间位移，并考虑了楼层扭转影响，因此最大位移和层间位移均指到某一根柱（薄壁柱）节点上。

第一部分，楼层位移最大值输出

TYPE1, TYPE2, …

对水平力作用输出：

Floor, Tower, Node, DX(Y), Node, dx(y)/h, h

其中：

TYPE——工况号：TYPE1, TYPE2, ……（详见 TAT 使用手册）；

Floor——层号；

Tower——塔号，0表示弹性节点；

Node——节点号；

DX(Y)——该节点X或Y向的位移；

dx(y)——该节点X或Y向的层间位移；

dx（y）/h——该节点 X 或 Y 向的层间位移角；

h——用以计算该节点层间位移的长度（考虑错层时，会大于层高）。

最后输出 Dmax，Hmax，Dmax/Hmax。

其中：

Dmax——结构顶点位移；

Hmax——结构总高度；

Dmax/Hmax——顶点位移与总高度的比值。

对竖向力作用输出：

Floor，Tower，Node，D_z

其中：

D_z——该层最大竖向位移。

这里地震力作用下的楼层位移已经进行了各振型地震力作用下位移的组合。

第二部分为在计算菜单中的第三项"位移输出"方式中选用"详"，将各层各节点的位移均输出，一般不需输出这些结果，此处略去其格式。

(4) 各层柱、墙下端水平刚域文件 DXDY.OUT

数检完后产生下端水平刚域文件 DXDY.OUT，其格式如下：

对刚域总数 Ndxy 循环，即 1=1~Ndxy，有：

对柱：

N_d，N—Floor，N—Colu，Nc（Nci，Ncj），Dcx，Dcy

对墙（薄壁柱）：

Nd，N—Floor，N—Wall，Nw（Nwi，Nwj），Dwx，Dwy

对支撑或斜柱：

Nd，N—Floor，N—Brac，Ng（Ngi，Ngi），Dgx，Dgy

其中：

N_d——刚域顺序号；

N—Floor——刚域构件的层号；

N—Colu，N—Wall，N—Brac——分别为带刚域的柱号、墙号和支撑号；

Nci，Ncj，Nwi，Nwj，Ngi，Ngj——分别为带刚域构件柱、墙、支撑的上节点号和下节点号；

Dcx，Dcy，Dwx，Dwy，Dgx，Dgy——分别为带刚域构件柱、墙、支撑的 X 向刚域和 Y 向刚域长度（m）。

(5) 薄弱层验算文件 TAT—K.OUT

格式：Nfloor，Ntower，Vx，Vy，VxV，VyV

其中：

Vx，Vy——分别为 x，y 方向的柱所承受的设计剪力之和（kN）；

$V_x V$，$V_y V$——分别为 x，y 方向的楼层承载力之剪力（kN）。

由此求得各层剪力和承载力之后，求得各层的屈服系数，格式：

N_{floor}，N_{tower}，G_{sx}，G_{sy}

G_{sx}，G_{sy}——分别为 x，y 方向各层的屈服系数，对于小于 0.5 的屈服系数，再求出各层的塑性位移，格式：

N_{floor}，N_{tower}，$D_{x(y)}$，$D_{x(y)}$，$A_{tpx(y)}$，$D_{x(y)sp}$，$D_{x(y)sp}/h$，h

其中：

$D_{x(y)}$——分别表示 X、Y 方向的楼层位移 (mm)；

$D_{x(y)s}$——分别表示 X、Y 方向的层间位移 (mm)；

$A_{tpx(y)}$——分别表示 X、Y 方向的塑性放大系数；

$D_{x(y)sp}$——分别表示 X、Y 方向的塑性层间位移 (mm)；

$D_{x(y)Sp}/h$——分别表示 X、Y 方向的塑性层间位移角；

h—层高 (m)。

4.6.4 实例

【例 4-4】 用软件 TAT 计算例 4-2 中的②轴线框架和连续梁 LL-1，LL-2 的配筋，并绘制施工图。

步骤：

(1) 进入 TAT-8 主菜单。启动主菜单 1，生成 TAT 计算所需的几何文件和荷载文件，并注意本例应考虑风荷载。

(2) 数据检查和图形检查。进入主菜单 2，首先运行数据检查，通过后再对部分参数进行修正（由于本结构无错层，也非多塔结构，因此可不进行多塔和错层定义），因为隔墙较多，取周期折减系数为 0.7，框架抗震等级三级，因采用现浇板，梁弯曲刚度放大系数取 1.5；然后检查几何平面图和各层荷载图，全部正确后退出主菜单 2（若不正确则应回到 PMCAD 进行修改，然后再从步骤 1 开始运行）。

(3) 结构内力、配筋计算。进入主菜单 3，计算结构的周期、位移内力和配筋，并进行薄弱层计算。

(4) 进入主菜单 4 计算结构中所有次梁的内力和配筋。

(5) 进入主菜单 5 查看第 3 步计算结果，初步判断其振型、内力和配筋是否合理，本例均正常。

(6) 进入主菜单 6，对 1~3 层梁进行归并，归并系数取 0.3。

(7) 进入主菜单 7，采取"从平面上选取归并后的梁数据"方式选择 1~3 层②轴线上的框架梁，结果 3 根梁均被归并为 KL-4，即三层框架梁配筋相同，另再选图 4-6 中的次梁 LL-1 和 LL-2，此处归并后的编号为 LL-13 和 LL-9。

(8) 进入主菜单 8，绘制归并后的 KL-4、LL-9 和 LL-13，采用交互方式建立绘图数据文件，该文件名采用程序默认名 PKBE，对部分参数进行修改后（同例 4-3 步骤 3），查看所选梁裂缝宽度和挠度是否满足规范要求（本例满足），然后继续进入画施工图，画图时本例进行跨归并，以减少截面数，该施工图图名采用 L2.T

(9) 进入主菜单 B，对全楼柱进行归并，归并系数取 0.2。

(10) 进入主菜单 C，采用"从平面中选取归并后的柱数据"方法选取轴线 2 上的四根柱，程序已将它们归并成一种，名为 Z-1。

(11) 进入主菜单 D，绘制 Z-1 施工图，方法同步骤 8。

图 3-17 为 KL-4、LL-9、LL-13 和 Z-1 施工图，图 3-18 为经梁、柱归并后的部分梁柱自动编号。

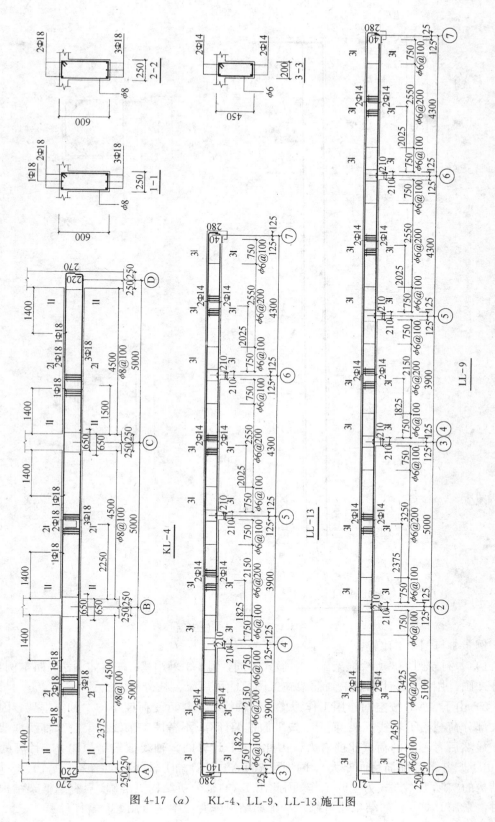

图 4-17 (a)　KL-4、LL-9、LL-13 施工图

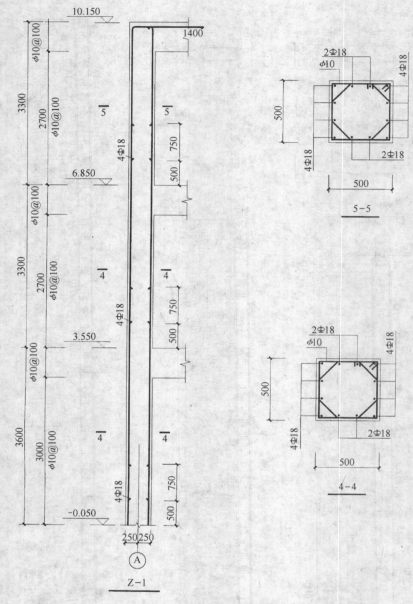

图 4-17（b） Z-1 施工图

例 4-3 与例 4-4 比较：

1）本例与例 4-3 所绘框架施工图形式不同，例 4-3 采用梁、柱整体画法，而本例将梁、柱分开画，用 TAT 计算结果画框架施工图只能采用梁、柱分开画法。

2）由于 TAT 按空间作用工作考虑，②轴线框架靠近受荷较小的①轴线框架，因此会卸去部分荷载给①轴线框架；而 PK 按平面框架计算，不考虑①轴线框架对②轴线框架的影响，显然后者考虑的荷载比前者大，因此 TAT 计算的②轴线框架结果比 PK 计算的略小（但由于归并最终配筋反而略大），同理可知 TAT 计算的①轴线框架结果应比 PK 略大。由于结构的实际工作方式为空间工作，因此用 TAT 来分析结构更准确。只有当框架结构较规则时，采用 PK 分析的结果才可靠，从配筋结果来看，本例可用 PK 软件计算。

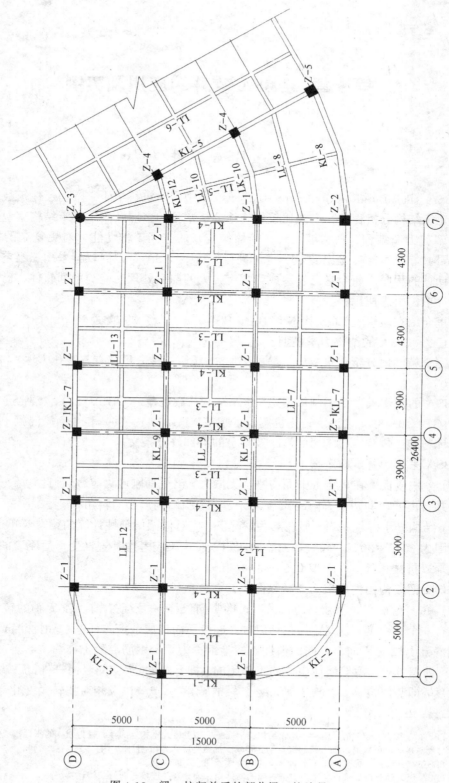

图 4-18 梁、柱归并后的部分梁、柱编号

第5章 TBSA软件的应用及实例

5.1 TBSA软件概况

TBSA（Tall Building Structure Analysis）是中国建筑科学研究院高层建筑技术开发部研制的建筑结构分析程序，它能比较精确地分析常见的多层及高层建筑结构（包括框架结构、框架剪力墙结构、剪力墙结构、筒体结构）的空间工作性能，对更复杂的结构体系（多塔结构、错层结构、连体结构）也可进行分析。TBSA是国内较早采用三维空间模型进行分析计算的程序，而今它已发展成为拥有强大的前后处理功能的系列软件，已被国内数千家设计单位引进使用。

这里介绍在微机上DOS状态下使用TBSA（5.0版）的方法。

5.1.1 TBSA的结构力学模型

要完全精确地分析建筑结构，是很困难的。任何一种分析都有其简化方法，TBSA亦不例外。

TBSA的力学模型及编制依据是《建筑结构荷载规范》（GBJ9—87）、《混凝土结构设计规范》（GBJ 10—89）、《建筑结构抗震设计规范》（GBJ 11—89）和《钢筋混凝土高层建筑结构设计与施工规程》（JGJ 3—91）及各自的局部修订条文。

TBSA采用的基本假定是：

(1) 分块楼板❶ 在其自身平面内刚度无限大，出平面刚度为零❷。因此，每一楼层❸ 有三个公共自由度，即两个方向的侧移（u, v）及绕结构形心的转角（θ_z）。

(2) 结构处于弹性状态。但在某些情况下，应对框架梁弹性计算的梁端弯矩适当调幅，调幅范围为20%～30%，同时加大跨中弯矩；对连梁应考虑其塑性变形后刚度的降低，其刚度应乘以折减系数，一般取0.55～1.0。

TBSA把结构构件离散为3类（图5-1）：

(1) 柱：每端有3个独立的自由度，即竖向位移w及绕X轴，绕Y轴的转角θ_x, θ_y，这样共有6个自由度。这里，柱包括斜柱（连接不同楼层节点的杆件），钢管混凝土柱。对H型钢混凝土柱按X向、Y向的惯性矩相等折算为矩形钢筋混凝土柱。

(2) 薄壁柱：由薄壁墙体组成的不封闭的（即开口的）❹ 空间竖向杆件，每端有5个独立自由度，即竖向位移w，绕X轴，绕Y轴的转角θ_x, θ_y，以及相对扭转角变化率θ_z' ❺，共

---

❶ TBSA对多塔结构、错层结构、连体结构位于同一标高但彼此不相连的楼面视为独立的刚性楼板。
❷ 对现浇楼面，可以通过加大梁的抗弯刚度和减少抗扭刚度来考虑楼面的影响。
❸ TBSA把处于同一标高但属于不同分块的刚性楼板视为不同楼层。
❹ TBSA仅处理开口的杆件。用户应把封闭的墙体用深梁分开并连接，即开结构计算洞。
❺ θ_z'反映了截面翘曲变形，其对应内力为双力矩B。

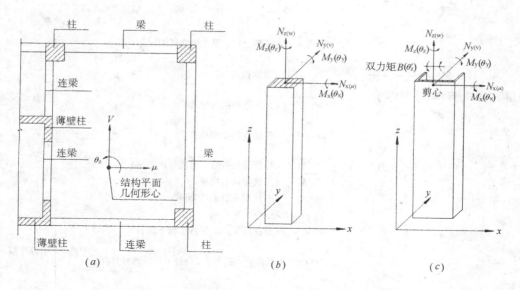

图 5-1 结构构件
(a) 结构平面；(b) 柱；(c) 薄壁柱

7 个自由度。

(3) 梁：两端与柱相连的楼面构件。有 6 个自由度，但程序不考虑其轴向变形，对平板楼面和密肋楼面，可用柱上板带作为等效框架梁。因为程序已自动将其自重作为梁自重计算，所以在竖向荷载中应予扣除。特殊地，连梁是至少有一端与薄壁柱相连的楼面构件，其刚度应折减。

柱、斜柱、梁和连梁为一般空间杆件，剪力墙为薄壁空间杆件。

由上述 3 类结构构件的平面布置构成的某层楼面，TBSA 称为结构标准层。柱或薄壁柱布置不同或截面尺寸不同，应划分为不同的结构标准层；仅层高不同或混凝土强度等级不同，应划为相同的结构标准层。

荷载分为 3 类：

(1) 竖向荷载：程序不区分恒荷载与活荷载，由用户确定包括恒荷载与活荷载组合后的标准值，通常用（恒荷载×1.2＋活荷载×1.4）/1.25，程序内定竖向荷载的分项系数为 1.25。

(2) 风荷载：用户依程序提示输入相关参数，由程序自动计算，也可直接输入各层集中风荷载。

(3) 地震荷载：用户依程序提示输入相关参数，由程序自动计算。

TBSA 主要针对高层建筑编制的。一般地，高层建筑的恒荷载为主要荷载，不考虑活荷载的不利布置，只考虑满布，对构件内力影响不大。对多层建筑，可以通过放大梁的内力的方法近似考虑活荷载的不利布置。TBSA 考虑了竖向荷载的一次加载（相当于使用状态）和分层加载（模拟施工）两种状态，实际结构处于二者之间，一般更接近于一次加载。

5.1.2 TBSA 的功能模块

TBSA 经过不断的修改完善，形成了以结构分析为核心的具有前后处理功能的系列，包括以下 4 个功能模块，见图 5-2。

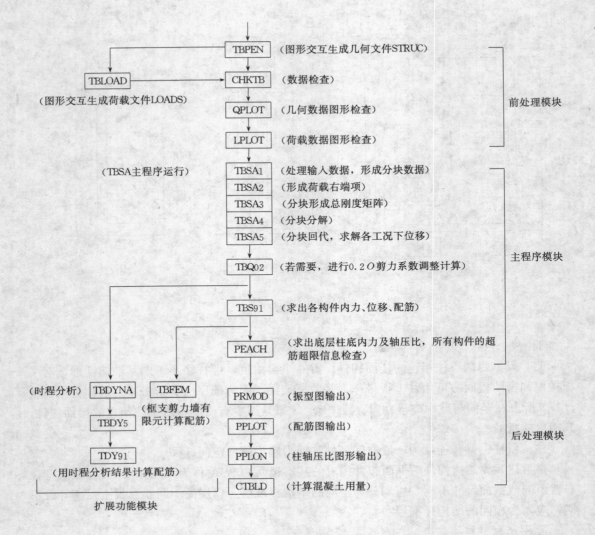

图 5-2 TBSA 程序运行流程

(1) 前处理模块：包括 TBPEN、TBLOAD、CHKTB、QPLOT 和 LPLOT 等 5 个程序。

(2) 主程序模块：依次执行 TBSA1～TBSA5、TBS02、TBS91 及 PEACH 等 8 个程序。

(3) 后处理模块：包括 PRMOD、PPLOT、PPLON、CTBLD 等 4 个程序。

(4) 扩展功能模块（选购）：包括 TBFEM、TBDYNA、TBCAD 系统（施工图绘制）以及 TBSA-F（基础设计）等程序。

5.2 TBSA 软件的基本使用方法

TBSA 的所有程序均可在 DOS 环境下运行，键入 TBSA，在屏幕上端显示 "TBSA5.0 总菜单"：

| 文件（F） | 前处理（P） | 三维空间分析（A） | 后处理（O） | 退出（X） |

在屏幕右下部位显示图标"TBSA"及开发单位"中国建筑科学研究院高层建筑技术开发部"。为书写简明起见，后面出现的菜单选项不写出关键字母，如"文件（F）"简写为"文件"。

这里按 TBSA 程序运行流程介绍前后处理模块，并重点介绍前处理模块中的 TBPEN、TBLOAD 的使用方法，扩展功能模块的使用请查阅相应的使用手册。

5.2.1 TBPEN 的使用

早期版本的 TBSA 采用行编辑命令输入结构数据来完成建模工作，现在可以用 EDIT.COM 形成数据文件，更方便的是用 TBPEN 通过图形输入方式来完成建模工作。

1. TBPEN 的功能

TBPEN 以图形交互方式输入需要计算的工程结构的平面图，并对输入图形中的构件进行编号及结构力学模型的处理，形成 TBSA 程序计算所需要的几何数据；同时 TBPEN 对结构的总体信息给出隐含值，用户可以修改。TBPEN 程序有图形拼接、旋转及对称翻转等功能，复杂图形可通过上述变换来完成。运行 TBPEN 后形成数据文件 STRUC。

2. TBPEN 的操作键

TBPEN 使用数字键及几个控制键。

(1) 数字键：0～9、—（负号）、.（小数点）；

(2) 光标移动键：→、←、↑、↓；

(3) 确认键：回车键 Enter，鼠标左键；

(4) 角度与光标步长增减键：+、—、PgUp（在 F3 状态下使用）；

(5) 返回菜单键：Esc、鼠标右键；

(6) 功能键：F2—轴线移动（激活后，光标仅在轴线交点上移动）；

　　　　　　F3—自由移动（激活后，光标每次移动一个步长）；

　　　　　　F4—输入步长；

　　　　　　F5—输入坐标（直接输入坐标，光标也移至该点）；

　　　　　　F6—直角坐标（直角坐标状态）；

　　　　　　F7—极坐标（极坐标状态）；

　　　　　　F8—显示全图；

　　　　　　F10—确认；

　　　　　　Ctrl+C—取消；

　　　　　　PgUp、PgDn—向前或向后翻页，显示图放大或缩小。

3. TBPEN 操作及说明

输入前，应将结构划分为不同标准层。对于有斜柱的楼层，因为斜柱下端相连的层号不同，所以每一标准层只能包含一层。输入时，应注意，图形输入尺寸精确到 1cm，图形旋转变化角度精确到 0.01°；每层节点数限定为 1500，梁总数限定为 2000，一个剪力墙所含墙肢数不超过 19 肢（若实际结构超出，应开计算洞）。作图时，屏幕分为三个区，上边为菜单区，左边为提示区，右边为作图区。

(1) 主控菜单

键入 TBPEN 启动后，屏幕上显示下列菜单：

> 建立新的工程几何平面图
> 继续建立或修改几何平面图
> 退出 TBPEN

对一个工程，第一次建模，选第 1 项，这时，TBPEN 以前形成的所有图形文件（LDST*）置零。再次进入修改，选第 2 项。用户选择后，屏幕上显示 TBPEN 的主控菜单：

> 建立新的几何总信息
> 修改已有几何总信息
> 输入层高，混凝土强度等级
> 修改层高，混凝土强度等级
> 建立新的楼层平面图
> 修改已有楼层平面图
> 输入各块坐标及转角
> 形成 STRUC 文件
> 退出 TBPEN

(2) 下面分别介绍各个选项的功能

1) 建立新的几何总信息。

该项包括 5 页总信息的隐含值，用户可以在屏幕上查看，可以修改，按 PgDn、PgUp 翻页，按 F10 确认，按 Ese 返回主控菜单。

2) 修改已有几何总信息。

该项功能同前项，主要用于查看或修改。

3) 输入层高，混凝土强度等级。

在输入几何总信息之后，可逐层输入层高、梁柱混凝土强度等级，也可数层同时输入。

4) 修改层高，混凝土强度。

可以对任意层的层高和混凝土强度进行修改。

5) 建立新的楼层平面图。

第一次输入，或废弃原有楼层平面图，选择此项，详见下面的介绍。

6) 修改已有楼层平面图。

如果要对已建好的平面图进行修改或查看，选用此项；如果将要新建的平面图与已建好的某层平面图基本相同，可选用此项，但须将修改后的平面图存盘为新的图层，不可存为原图层。

7) 输入各块坐标及转角。

对单塔结构，隐含值为 $X_0=0$，$Y_0=0$，$\theta_0=0$；对多塔结构，不同塔块可建立自己独立的子坐标系，应输入 X_i、Y_i、θ_i。在形成 STRUC 文件时，程序自动将各塔块坐标转到统一的坐标系下。

8) 形成 STRUC 文件。

如果缺少形成 STRUC 文件的信息，程序将自动给予提示。选择此项，程序提示是否考虑梁与柱连接时的偏心及连接刚域。

9) 退出 TBPEN。

建模过程中可随时退出。再次进入主控菜单时，选择"继续建立或修改几何平面图"即可。

(3) 下面重点介绍"建立新的楼层平面图"
1) 建立轴线。
选择"建立新的楼层平面图"后，程序提示：

> X 方向轴线数（等跨度时前加负号）＝
> Y 方向轴线数（等跨度时前加负号）＝

输入上述 4 个参数后，屏幕显示轴线网格，并提示："对此轴网是否删除（添加）轴线？"若不修改，选"退出"；若修改，选"确认"。

这里，删除轴线，即删除两点之间的轴线；添加轴线，如果结构平面图轴线不等间距，选用此项，激活 F3，然后用 PgUp 输入步长，移动光标即可定位新的轴线。

同时在屏幕上边显示菜单内容：

> 图形处理　显示处理　柱　圆柱　钢管柱　墙　梁　斜柱　存盘，返回

2) 确定结构构件的平面布置。
下面依顺序介绍各菜单的用法。
① "图形处理"菜单：其子菜单内容见表 5-1（为节约篇幅及简明起见，用列表方式）。

表 5-1

序号	图 形 处 理	功 能 及 使 用
1	编辑图形	有 6 项选择： ①移动节点：点取节点。移到新的位置，接 Enter，则所有相关的杆件均随之移动 ②成串移动节点：用窗口选择节点串，点取参考点及其新位置，则所有相关的杆件均随之移动 ③删除节点：删除不需要的节点，则相关的杆件均被删除 ④添加节点：在梁中间添加节点，该点为无柱连结点 ⑤围块删除（包围）平面：删除围区内的杆件 ⑥围块删除（交叉）平面：删除围区内的杆件
2	对称翻转	有 5 项选择： ①坐标原点：选取进行对称轴翻转的参考坐标原点，此点只对翻转图形有效 ②绕 X 轴翻转，将当前图形绕 X 轴翻转，并保留原图形 ③绕 Y 轴翻转，将当前图形绕 Y 轴翻转，并保留原图形 ④任意轴翻转（两点定轴）：通过两点设定对称轴 ⑤任意轴翻转（给定角度）：通过①确定原点，再给出对称的角度，绕此轴翻转
3	局部（包围）对称翻转	用法基本同上
4	组合图形	对当前图形进行拼装组合，有 2 项选择： ①围块存图：将围区内的图形贮存，以备后面调用，图块号为 1～6，其对应的文件名为 LDST4～LDST9 ②调取图块：选择图块号，给出图块转角，插入到当前图中

续表

序号	图形处理	功能及使用
	下端层号	对多塔结构或错层结构,每一标准层需指定其下端相连的层号。若下端层号不只一个,可填除固端外的任一层号,但需带负号。下端层号为负时,应先返回主控菜单,选"修改已有楼层平面图"再次进入该标准层,然后选"图形处理"菜单的"下端层号"项回答"此层下端号共有几层?",最后依次给出每一围块的下端层号
5	添加轴网	添加不规则轴网有两种方式: ① 直角坐标轴网:方法同"(1)建立轴线",但应给出"添加轴网与原坐标系夹角(度)" ② 极坐标轴网:选择此项屏幕提示 　　弧向最大角度 $\alpha=$ 　　径向最大尺寸 $R=$ 　　角度方向轴线数 $N_a=$ 　　径向轴线数 $N_R=$ 　　坐标转角 $\alpha_0=$ 当角度方向轴线均分,则 N_a 带负号;否则,按提示输入角度(如0,15,30,30,15) 当径向轴线等间距,则 N_R 带负号,否则,按提示输入间距(如5,4,3,2)
6	删除轴网	轴网过多(>10)或多余时删除,方法是用光标点取
7	添加单根轴线	激活F3,并给定一步长,移动光标给出待添加轴线上的两点
8	删除单根轴线	用光标点取
9	梁柱编号 (保留梁中节点)	对梁、柱、墙重新编号,检查是否相交、重叠,删除多余的节点和被墙肢覆盖的梁柱。当斜柱一端连在梁中某节点,应保留此节点,也选用此项
10	梁柱编号 (不保留梁中节点)	与前项略有不同,即不保留梁中无柱连节点

② "显示处理"菜单:其子菜单内容见表5-2。

表5-2

序号	显示处理	功能及使用
1	局部放大	用光标选取矩形框,放大显示
2	平移图形	图形随点取的两点光标移动
3	显示全图	清屏后显示全图
4	字符高度	改变显示字符的高度
5	改变比例	改变当前图形显示的大小
6	显示(不显)柱尺寸	这是翻转菜单
7	显示(不显)轴网	这是翻转菜单
8	轴网字符高度	改变显示轴网字符的高度
9	显示(不显)梁尺寸	这是翻转菜单
10	显示(不显)墙尺寸	这是翻转菜单
11	显示(不显)斜柱尺寸	这是翻转菜单
12	打印局部	打印所选图形
13	打印全图	打印全图
14	形成DWG文件	文件名为PLA??.DWG

③"柱"菜单：确定、修改矩形柱的位置及截面。其子菜单内容如表5-3。

表5-3

序号	柱	功能及使用
1	成片置柱	①所有无柱点：(交点置柱)在每个节点上布置柱，在大多数点上有柱时选用此项，再用"删除柱"个别修改。若轴图中有极坐标，依提示"极坐标轴网上的柱子沿轴网放置吗？"选"否"，即按现角度放置，选"是"，则按极坐标轴网方向放置 ②围区内无柱点：(围区置柱)围区内所有交点上均放置柱子，若轴网中有极坐标，处理同"交点置柱"。所谓围区，是用光标逐点点取而形成的一个多边形封闭区域。围区内的图形称为图块
2	确定柱位	在光标点上定义一个柱
3	删除	方式有3种： ①单独删除：删除光标点上或附近(20cm范围内)的一个柱 ②窗口删除：删除窗口内的所有柱(用光标点取两点形成一个矩形框的两对角，该矩形框即为窗口) ③围块删除：删除围块内的所有柱
4	基本截面	先给当前层所有柱赋初值(隐含值为0.4m×0.4m，角度0)，再用第5项个别修改
5	修改截面	要求给出截面尺寸，用光标选取要修改的柱
6	修改(角度不变)	用前面输入的截面尺寸修改柱子截面。方式有三种：①单独修改；②窗口修改；③围块修改。用法参照"删除"
7	修改(角度改变)	用法与上一项相似，但柱子角度改为新输入的角度值
8	显示尺寸(不显尺寸)	显示(或不显示)柱截面尺寸，这是翻转菜单
9	局部放大	用光标选取矩形框，放大显示
10	平移图形	图形随点取的两点光标移动
11	显示全图	清屏后显示全图
12	角柱确认	光标移到柱上，按Enter；再按Enter，则恢复为普通柱。注意，角柱的结构要求与普通柱不同
13	框支柱	光标移到柱上，按Enter，再按Enter，则恢复为普通柱。注意，框支柱的结构要求与普通柱不同

④"圆柱"菜单：用法基本同"柱"菜单，仅将"柱"菜单的6、7两项合并为"修改"，因为不同之处是，圆柱不存在角度问题。圆柱"基本截面"隐含值为0.3m。

⑤"钢管柱"菜单：用法基本同"圆柱"菜单，但无"成片置柱"功能。钢管柱"基本截面"隐含值为半径0.4m，壁厚0.01m。

⑥"墙"菜单：确定修改剪力墙位置及截面，其子菜单内容如表5-4。

表5-4

序号	墙	功能及使用
1	确定墙肢	用光标选取起点和终点，确定墙肢位置。注意，墙的位置上的柱与梁会自动被删除掉
2	确定弧墙	用"圆心定弧"或"三点定弧"确定弧墙位置
3	删除	方式有5种： ①单独删除：删除一段墙肢 ②窗口删除(包围)：完全在窗口内的墙肢被删除 ③窗口删除(交叉)：在窗口内及与窗口相交的墙肢均被删除 ④围块删除(包围)：与"窗口删除(包围)"相似 ⑤围块删除(交叉)：与"窗口删除(交叉)"相似

续表

序号	墙	功 能 及 使 用
4	基本墙厚	给当前层所有墙厚赋初值，再用第5项个别修改
5	改变墙厚	给出新墙厚，用下面项修改
6	选择墙厚修改	方式有5种： ①某断面全部修改 ②窗口修改（包围） ③窗口修改（交叉） ④围块修改（包围） ⑤围块修改（交叉）
7	全部修改	方式有5种： ①线性修改：光标移至要修改的墙肢上，按Enter ②窗口修改（包围） ③窗口修改（交叉） ④围块修改（包围） ⑤围块修改（交叉）
8	显示（不显）尺寸	显示（或不显示）墙厚，这是翻转菜单
9	局部放大	用光标选取矩形框，局放放大显示
10	平移图形	图形随点取的两点光标移动
11	显示全图	清屏后显示全图
12	墙肢开洞	方式有两种： ①任意开洞：位置及大小由用户确定 ②中间开洞：位置在中间，大小由用户定
13	删除洞口	洞口（即连梁），原梁的位置上自动布置剪力墙

⑦"梁"菜单：确定修改梁的位置及截面，其子菜单内容如表5-5。

表5-5

序号	梁	功 能 及 使 用
1	添加梁	用光标选取起点和终点，确定梁的位置
2	添加弧梁	用"圆心定弧"或"三点定弧"确定弧梁位置
3	铰接梁	光标移至铰接一端，按Enter，该端出现小圆圈。再按一次，取消
4	删除	用法同"墙"菜单的"删除"
5	基本截面	给当前层所有梁截面赋初值，再用第6项个别修改
6	输入修改截面	给出梁新的截面尺寸，用下面项修改
7	选择断面修改	用法参照"墙"菜单的"选择墙厚修改"
8	全部修改	用法参照"墙"菜单的"全部修改"
9	查询尺寸	将某一截面尺寸，在屏幕上改变颜色显示
10	悬臂梁	光标移到梁上，按Enter，再按Enter，则恢复为普通梁
11	非连梁	梁刚度不折减，光标移到梁上，按Enter；再按Enter，则恢复为普通梁
12	偏心处理	方式有4种： ①单根处理：点取要处理的偏心梁；先光标移到梁的偏心一侧，按Enter，再输入两端偏心值 ②复制偏心（窗口）：先点取已处理的偏心梁，再用窗口选择，窗口内的梁均照此设定 ③复制偏心（围块）先点取已处理的偏心梁，再用围区选择，围区内的梁均照此设定 ④梁串处理：用窗口选择连续梁，以下操作同"单根处理"
13	取消偏心	方式有3种： ①单独取消：取消单根梁的偏心 ②窗口取消：取消窗口内所有梁的偏心 ③围块取消：取消围区内所有梁的偏心 注意：若整个结构不考虑偏心，可在"形成STRUC文件"时进行选择

⑧ "斜柱"菜单：确定斜柱的位置及截面，其子菜单内容如表 5-6。

表 5-6

序号	斜柱	功能及使用
1	添加斜柱	点取上下端点为柱、墙肢端点或无柱连结点；也可先在梁中间通过"添加节点"保留无柱节点来确定一无柱连结点，再点取。上端点附近显示小圆圈
2	铰接斜柱	点取斜柱，其两端均设定为铰接；再点取一次，恢复为固接
3	斜柱强度	若斜柱为混凝土构件，输入其强度等级，若为钢构件，则输入其弹性模量及抗压强度（单位：kN/m^2）
4	删除斜柱	方式有 3 种： ①单独删除 ②窗口删除：按"包围"方式 ③围块删除：按"包围"方式
5	基本截面	给当前层所有斜柱赋初值，用下面项修改
6	修改截面	给出斜柱新的截面
7	基本下端层号	输入大部分斜柱下端相连的层号
8	修改下端层号	先输入新的下端层号，再个别修改
9	显示（不显）尺寸	显示（不显示）斜柱尺寸及下端层号，这是翻转菜单
10	局部放大	用光标选取矩形框，放大显示
11	显示全图	清屏后显示全图

⑨ "存盘，返回"菜单，见表 5-7。

表 5-7

序号	存盘，返回	功能与使用
1	存盘	将已建好的图形做为平面标准层存盘。可以以 V5.0 版或 4.2 版存盘。 选择此项，要求给出标准层层号及所含的层数；若为多塔结构，还要输入此标准层所属塔块号及下端层号。另外要求定位当前标准层平面的坐标原点，若不是多塔结构，各层的坐标原点必须一致；若是多塔结构，则每个塔块内的各标准层的坐标原点必须一致，而不同塔块的坐标原点可不同
2	退出	回到总菜单

4. 保存文件

运行 TBPEN，形成图形数据文件 LDST * 及文本数据文件 STRUC。只要保留好这些文件，即可进入"继续建立或修改几何平面图"进行修改。

一般地，运行 TBPEN 之后，应运行 CHKTB 和 QPLOT 进行数据检查，待改正错误后，再运行 TBLOAD 输入荷载。

5.2.2　TBLOAD 的使用

自动导荷载程序 TBLOAD 是以图形方式输入荷载，自动形成荷载数据文件 LOADS。

1. TBLOAD 的操作键

(1) 数字键：0~9，-（负号），.（小数点）；

(2) 光标移动键：→，←，↑，↓；

(3) 确认键：回车键 Enter，鼠标左键；

(4) 角度与光标步长增减键：+、-、PgUp（在 F3 状态下使用）；

(5) 返回菜单键：Esc，鼠标右键。

2. TBLOAD 操作及说明

键入 TBLOAD，在屏幕上显示下列菜单：

| 文件 层楼面 梁 柱 墙 风荷载 视区 帮助 |

下面分别介绍各个选项的功能：

(1) "文件"菜单，见表 5-8。

表 5-8

序号	文件	功能及使用
1	形成 LOADS 文件	有两种格式： ①易于阅读的格式，数据排列整齐 ②紧凑的格式，节省磁盘空间
2	退出 TBLOAD	提示用户保存改动过的数据，然后退出

(2) "层"菜单，见表 5-9。

表 5-9

序号	层	功能及使用
1	当前层荷载存盘	将当前层的荷载数据记录到中间文件 LOAD.???，这里 "???" 表示层号
2	处理前一层荷载	将前一层换为当前层（顶层的前一层为一层）
3	处理后一层荷载	将后一层换为当前层（一层的后一层为顶层）
4	输入层号	任选一层换为当前层
5	当前层荷载同前层	当前楼面、梁、柱、墙上荷载均与前一层相同
6	不同层之间荷载复制	依次输入 "复制源的层号 n_1"，"复制目标层的起始层号 n_2"，"复制目标层的结束层号 n_3"

(3) "楼面荷载"菜单：楼面荷载所添加的对象是几何平面中的围定块。所谓围定块，是指由梁、剪力墙墙肢围成的封闭框。菜单内容见表 5-10。

表 5-10

序号	楼面荷载	功能及使用
1	荷载值	有 5 个选项： ①输入楼面荷载值，作为当前楼面荷载值，单位 kN/m^2 ②全图同值：一般先选此项，再个别修改 ③逐个指定（修改）荷载：将形心离光标最近的围定块的荷载取为当前楼面荷载值 ④窗口指定（修改）荷载：将形心在窗口内的围定块的荷载取为当前楼面荷载值 ⑤指定多层楼面荷载值：输入起始层号 n_1，结束层号 n_2，则从 n_1 到 n_2 层所有围定块的楼面荷载取为当前楼面荷载值
2	荷载模式	有 5 个选项： ①选择荷载模式（见图 5-3），作为当前楼面荷载模式 ②全图同模：一般先选此项，再个别修改 ③逐个指定（修改）模式：将形心离光标最近的围定块的荷载模式取为当前楼面荷载模式 ④窗口指定（修改）模式：将形心在窗口内的围定块的荷载模式取为当前楼面荷载模式 ⑤指定多层楼面荷载模式：输入起始层号 n_1，结束层号 n_2，则从 n_1 到 n_2 层所有围定块的楼面荷载模式取为当前楼面荷载模式
3	显示（不显）楼面荷载	这是翻转菜单

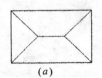 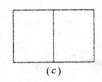

图 5-3 楼面荷载模式

(a) 双向板分配；(b) 单向板按长边分配；(c) 单向板按短边分配；
(d) 从形心引线到梁、墙上形成三角形荷载；(e) 按周边长度比例分配

(4)"梁荷载"菜单：梁上荷载是指除了楼面荷载之处的梁上补充荷载，每根梁上可加 5 次补充荷载。见表 5-11。

表 5-11

序号	梁荷载	功能及使用
1	选择荷载模式并输入值	梁上荷载模式见图 5-4 该值作为当前梁上荷载
2	添加荷载	有两种方式： 逐个指定梁加载：对距选取点最近的一根梁添加当前梁上荷载 窗口指定梁加载：对两端均在窗口内的梁添加当前梁上荷载
3	查看荷载	被选取的梁的所有荷载，显示在屏幕左边
4	删除荷载	有 3 种方式： ①删除梁上部分荷载 ①线性删除梁上全部荷载；逐个删除梁上全部荷载 ①窗口删除梁上全部荷载
5	显示（不显）梁上荷载号	这是翻转菜单

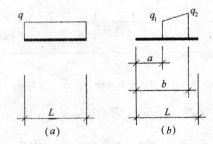 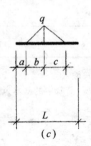 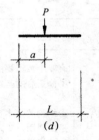 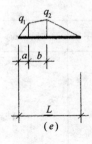

图 5-4 梁上荷载模式

(5)"柱荷载"菜单：柱上荷载是指除了楼面荷载之处的柱上补充荷载，每根柱上可加 5 次补充荷载。见表 5-12。

表 5-12

序号	柱荷载	功能及使用
1	选择荷载模式并输入值	柱上荷载模式见图 5-5，该值作为当前柱上荷载值
2	添加荷载	有两种方式： ①逐个指定柱加载：对选取点最近的一个柱添加当前柱上荷载 ②窗口指定柱加载：对窗口内的柱添加当前柱上荷载
3	查看荷载	被选取的柱的所有荷载显示在屏幕左边
4	删除荷载	有 3 种方式： ①删除柱上部分荷载 ②逐个删除柱上全部荷载 ③窗口删除柱上全部荷载
5	显示（不显）柱上荷载号	这是翻转菜单

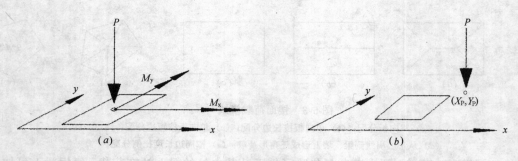

图 5-5 柱上荷载模式

(6)"墙荷载"菜单：墙上荷载是指除了楼面荷载之外的墙上补充荷载，每段墙肢上可加 5 次补充荷载。其用法参照"柱荷载"菜单，墙上荷载模式见图 5-6。

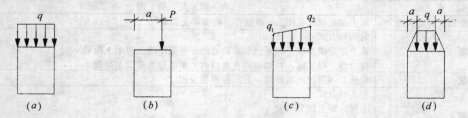

图 5-6 墙上荷载模式

(7)"风荷载"菜单：其用法见表 5-13。

表 5-13

序号	风荷载	功 能 及 使 用

1	由程序计算各层风载	有 6 个数据要由用户输入：
		①修正后的基本风压：荷载中的基本风压对高层建筑应乘以放大系数 1.1～1.2 后再输入
		②结构的基本自振周期：一是由"程序近似计算"，则在第③选项中给出结构类型；二是由"用户输入"
		③结构类型：有三种结构供用户选择，即：框架结构、框剪或框筒结构、剪力墙或筒中筒结构
		④地面粗糙度：分 A、B、C 三类
		⑤结构体型系数：有 6 种选择，即
		    圆形或椭圆形平面 (0.8)
		    正多边形及截角三角形平面：对正多边形输入边数
		    矩形、鼓形和十字形平面 (1.3)
		    其他类型平面 (1.4)
		    用户输入：见屏幕弹出的对话框
		    分层输入：各层体型系数可以不同
		⑥各层风荷载调整：可对各层风荷载乘以用户输入的系数
		确认：将①～⑥输入的数据记录到中间文件
		取消：取消①～⑥输入的数据记录

2	由用户输入	各层风荷载先输 X 方向风荷载数据：起始层号 n_1，结束层号 n_2，集中风力值 F_x (kN) 作用点坐标 Ye (m)；再输 Y 方向风荷载数据，方法同上

(8)"视区"菜单：其用法见表 5-14。

表 5-14

序号	视 区	功 能 及 使 用
1	局部放大	确定窗口的两对角点,放大显示
2	显示全图	清屏后显示全图
3	改变比例	输入比例后,图形随之调整显示大小
4	移动图形	图形随点取的两点光标移动
5	改变字符高度	改变显示字符的高度

(9)"帮助"菜单:在屏幕上显示帮助信息。

有两项功能:显示怎样使用菜单,激活或取消声音。

3. 保存文件

运行 TBLOAD,形成图形数据文件 LOAD.??? 以及文本数据文件 LOADS。只要保留好这些文件,即可进入 TBLOAD 修改荷载数据文件,当然也可直接修改 LOADS 文件。

5.2.3 CHKTB 的使用

键入 CHKTB,显示如下菜单:

| 控制参数 查 STRUC 查 LOADS 几何荷载数据 编辑文件 退出 |

其中"控制参数"主要是输入各类构件数据数检时的最大最小允许值,当超过这些允许值时,程序会给出警告信息。其他 5 项,含义很明确,不再赘述。

CHKTB 对数据文件 STRUC 和 LOADS 进行检查,信息汇集在 CHKST.OUT(几何信息)、CHKTL.OUT(各标准层主要信息)、CHKLO.OUT(荷载信息)、LDSC(斜柱信息)和 CHKTB.ERR(存放数检错误及其代码的解释)文件中。数检指出的错误分两类:一类是致命性错误,必须改正,没有提示符,如总层数大于用户购买软件的限制;另一类是警告性错误,它不影响程序的正常进行,只是提醒用户数值属非正常范围,如果实际情况如此,可不改正,提示符为"*"或"**",如柱截面为 250×250。用户可以在中文环境下查阅 CHKTB.ERR。

如果屏幕上显示错误信息较多,可以先修改前面的错误,再数检,这样可以消除由前面的错误引起的后面的错误。

5.2.4 QPLOT 的使用

QPLOT 是 TBSA 的图检程序,启动后在屏幕上显示:

| 平面 平面显示选择 图形处理 立面 打印 DWG 文件 退出 |

(1)平面:可以显示任一层的结构平面图。

(2)平面显示选择:可以显示构件(柱、墙、梁、斜柱)尺寸与编号。

(3)图形处理:有 9 项选择,①局部放大;②图形平移;③显示全图;④改变比例;⑤字符高度;⑥标注字符高度;⑦搜索杆件;⑧求两点距离;⑨梁单、双线变换。其中第⑤项指图形下方标准层说明的字符的高度,第⑥项指图形中标注说明的字符高度,第⑦项便于用户查找给定编号的杆件。

(4)立面:显示结构的空间线框图,有 3 项选择①显示正侧立面;②显示部分结构立面;③改变角度该项要求输入新的角度来显示立面。

(5) 打印：直接打印屏幕上的图形，有 2 项选择：①打印局部；②打印全图。
(6) DWG 文件：将屏幕上显示的图形转换为 AutoCAD 的 DWG 文件 PLA??.DWG。
(7) 退出：退出 QPLOT 程序。

当图检发现错误，返回 TBPEN 修改时，如果仅修改几何构件的尺寸和材料强度等项目，可以不必再进入 TBLOAD 进行修改；如果几何构件的位置或顺序发生变化，还应返回 TBLOAD，重新输入荷载。

5.2.5 LPLOT 的使用

LPLOT 也是 TBSA 的图检程序，启动后在屏幕上显示：

文件 层 选项 视区 打印 DWG 文件 帮助

(1) 文件：有 2 项选择：①文件输出补充荷载，要求给出文件名；②退出 LPLOT。
(2) 层：选择要检查的层，有 4 项选择①显示上一层；②显示下一层；③输入层号。
(3) 选项：有 4 项选择：①检查荷载文件 LOADS；②检查中间文件 LOAD.???；③显示垂直荷载，包括梁上补充荷载，柱上补充荷载，墙上补充荷载及楼面荷载；④显示风荷载。其中第③项为翻转菜单。
(4) 视区：有 7 项选择，①窗口放大；②显示全图；③改变比例；④移动图形；⑤改变字符高度；⑥改变荷载图比例；⑦改变角度。
(5) 打印：有 2 项选择：①打印局部；②打印全图。
(6) DWG 文件：将屏幕上显示的图形转换为 AutoCAD 的 DWG 文件。
(7) 帮助：有 2 项选择：①使用菜单；②声音。

5.2.6 PRMOD 的使用

PRMOD 程序是将结构计算的各个振型图以平面形式输出，便于校核。程序执行后，若为单塔结构，则直接进入下面主菜单；若为多塔结构，弹出对话框，输入各个塔块的 X 坐标。对存在错层的结构若按连体结构考虑，则需对每个存在错层的楼层给出其下端相连层，也可不按连体结构而按普通结构处理。

程序的主菜单是：

振型位置 选择振型 图形处理 打印输出 DWG 文件 退出

(1) 振型位置：其内容为①纵横比例，即振型图纵轴长与横轴长之比；②塔块位置：对多塔结构，重新输入各塔块形心的大致横坐标。
(2) 选择振型：先选择振型的方向，再给出振型的起始序号，终止序号，最后给出振型显示的要求，即每排振型数，横向间距（m），纵向间距（m）。
(3) 图形处理：其内容为①局部放大；②平移图形；③显示全图；④改变比例；⑤振型放大系数；⑥字符高度。其中第⑤项为绘制振型时振型位移的放大倍数。
(4) 打印输出：有 2 项选择①打印局部；②打印全图。
(5) DWG 文件：将屏幕上显示的图形转换为 AutoCAD 的 DWG 文件（文件名由用户确定）。
(6) 退出：退出 PRMOD 程序。

5.2.7 PPLOT 的使用

PPLOT 程序的主要功能为输出给定的几何平面图，并在柱、梁、墙斜柱附近标注配筋，单位 cm²，配筋的平面表示方法见图 5-7。运行 PPLOT 后，屏幕显示主菜单：

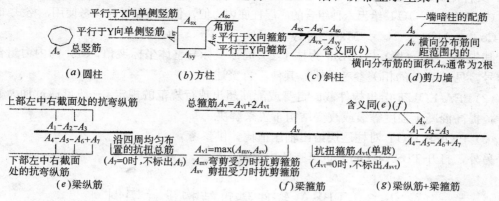

图 5-7 配筋的平面表示方法

| 选择层号　画配筋图　图形处理　打印输出　DWG 文件　退出 PPLOT |

(1) 选择层号：选择要画钢筋图的层号，即①任选层；②下一层；③上一层。

(2) 画配筋图：见图 5-7，在平面图显示内容有①纵筋，即抗弯纵筋＋抗扭配筋；②箍筋，即抗剪箍筋＋抗扭箍筋；③纵筋＋箍筋，即同时输出前两项内容；④斜柱配筋。

(3) 图形处理、打印输出、DWG 文件（文件名 PBC??.DWG）、退出 PPLOT，同前，不在赘述。

5.2.8 PPLON 的使用

PPLON 是轴压比、底层柱底内力图形输出程序，其主菜单有 7 项：

| 轴压比　底层内力组号　显示内力内容　图形处理　打印输出　DWG 文件　退出 |

(1) 轴压比：图形输出各柱（包括斜柱）轴压比，同时输出该柱的规范规定的最大限值。DWG 文件名为 PLN??.DWG。输出分三种情况（三种颜色标出）标出：

①$\mu_c < [\mu_c]$　　②$\mu_c = [\mu_c]$　　③$\mu_c > [\mu_c]$，

这里，μ_c 为计算值，$[\mu_c]$ 为限定值。

(2) 底层内力组号：可以按最大轴力、最大 X 向弯矩、最大 Y 向弯矩、最大 X 向剪力、最大 Y 向剪力及竖向荷载分别输出图形。

(3) 显示内力内容：在图形上可以显示一种或几种内力，即轴力、X 向弯矩、Y 向弯矩、X 向剪力、Y 向剪力。

其他 4 项同前，不在赘述。

5.2.9 CTBLD 的使用

运行 CTBLD，输入文件名（默任文件名为 CTBLD.OUT），可以计算主要构件的混凝土用量，包括梁（BEAM）、柱（COLUMN）、剪力墙（WALL）、斜柱（SLANT-COLUMN）和楼板（FLOORS）。该程序便于用户快速估算材料用量。

5.2.10 PEACH 的使用

运行 PEACH，产生 6 个文件，即 PEA-F.OUT、PEA-E.OUT、PEA-P.OUT、LD68、LD7WC、LD7B。其中，LD68 用于 PPLON，而 LD7WC 和 LD7B 用于 PPLOT，另外 3 个

OUT 文件用 EDIT 或 PE2 查看。

(1) PEA-F.OUT 给出六种组合的底层柱底内力值，供基础设计时参考使用，格式如下：

Co　　Alfa　　N　　Mx　　My　　Vx　　Vy　　Cml

其中 Co 为柱（墙）号，Alfa 为柱（墙）局部坐标与整体坐标夹角，Cml 为内力组合的组合号，见 TBSA 的相关参考手册，其他不再赘述。

(2) PEA-E.OUT 给出构件截面自身或配筋超出现行规范的规定。一般可通过加大截面尺寸，提高混凝土强度等级或改变结构布置来解决。

(3) PEA-P.OUT 对柱逐层给出轴压值比，供参考。

另外，打开 TBSA4.OUT 也可查阅内力及配筋。

5.3　TBSA 软件建筑结构设计实例

本节通过一工程设计实例来演示 TBSA 软件使用的全过程。

5.3.1　设计资料

本工程为旅馆及办公综合楼，地下室 2 层，地上 19 层，总高 67.3m，现浇结构。底层高 4.8m，其他层均为 3.4m，2～10 层为旅馆部分，11～18 层为办公部分，19 层为电梯机房（仅有中间筒体部分，平面布置基本不变，建筑平面图从略）。为教学方便，本书做了简化处理，其建筑平面图见图 5-8。

TBSA 不能直接计算地下结构。一般地，把地下室顶板处做为结构底层柱、墙、斜柱的底面。如果没有合适的软件，也可近似地把地下室作为结构层来用 TBSA 计算，但其结果仅作为初步设计的参考。

(1) 荷载取值：

① 楼面：恒载 3.5，活载 1.5，竖向荷载 $(3.5×1.2+1.5×1.4)/1.25=5.04$，取 $5.0kN/m^2$；

② 楼梯：恒载 7.0，活载 2.0，竖向荷载 $(7.0×1.2+2.0×1.4)/1.25=8.96$，取 $9.0kN/m^2$；

③ 卫生间：恒载 5.0，活载 2.0，竖向荷载 $(5.0×1.2+2.0×1.4)/1.25=7.04$，取 $7.0kN/m^2$；

④ 走道：恒载 3.5，活载 2.0，竖向荷载 $(3.5×1.2+2.0×1.4)/1.25=5.6$，取 $5.6kN/m^2$；

⑤ 屋面（上人）：恒载 5.0，活载 1.5，竖向荷载 $(5.0×1.2+1.5×1.4)/1.25=6.48$，取 $6.5kN/m^2$；

⑥ 屋面（不上人）：恒载 5.0，活载 0.7，竖向荷载 $(5.0×1.2+0.7×1.4)/1.25=5.58$，取 $5.6kN/m^2$；

⑦ 实体墙：不开洞，190 厚水泥空心砖 $2.6kN/m^2$，高（平均值）$3.4-0.7=2.7m$，竖向荷载 $2.6×2.7=7.02$，取 $7.0kN/m$；

⑧ 实体墙：开洞率 40%，竖向荷载 $7.02×0.6=4.21$，取 $4.2kN/m$；

⑨ 女儿墙：190 厚水泥空心砖 $2.6kN/m^2$，高 1.3m（含压顶），竖向荷载 $2.6×1.3=3.38$，取 $3.4kN/m$。

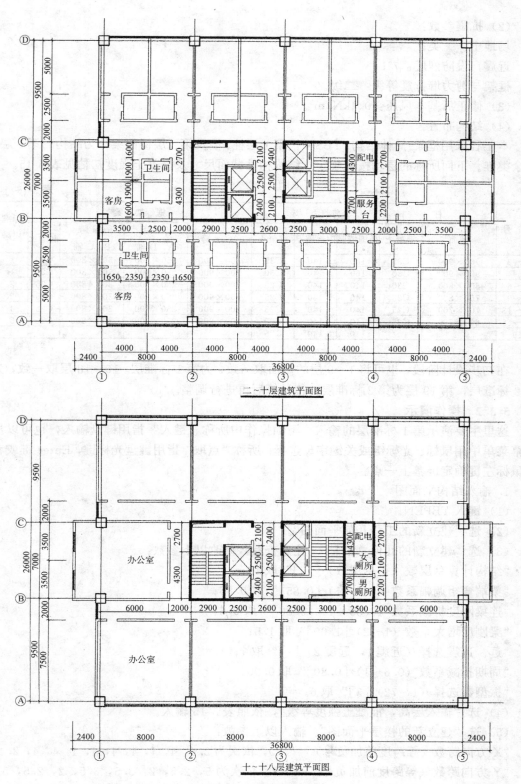

图 5-8 建筑平面图

(2) 抗震参数：

场地土：Ⅱ类；

近震，设防烈度：7°；

框架与剪力墙抗震等级：二级。

(3) 修正后基本风压：0.4kN/m²。

(4) 结构布置：

本工程采用框架-筒体结构。TBSA把第1层柱、墙及第2层楼面梁作为结构的第1层，其余类推。下面所称的层均按此规定。结构构件截面尺寸及混凝土强度初估见表5-15。

表 5-15

层 号	柱		剪 力 墙			框 架 梁				标准层号
	截面	混凝土	外围墙厚	内部墙厚	混凝土	9.5m 跨	8m 跨 A，D 轴	8m 跨 B，C 轴	混凝土	
1～2	900×900	C35	160	140	C35	300×900	250×700	300×800	C30	1
3～4	900×900	C30	160	140	C30	300×900	250×700	300×800	C25	1
5～6	800×800	C30	140	140	C25	300×900	250×700	300×800	C25	2
7～9	700×800	C25	140	140	C25	300×900	250×700	300×800	C25	3
10～13	700×700	C25	140	140	C25	300×900	250×700	300×800	C25	4
14～18	600×700	C25	140	140	C25	300×900	250×700	300×800	C25	5
19			140	140	C25					6

在初步设计阶段，也可将1～9层的截面取一致，为第1标准层，10～18层取一致，为第2标准层，第19层为第3标准层，待计算后再进行调整。

5.3.2 操作演示

这里主要演示第1标准层的输入。下面操作中所称"键入"指用键盘输入，也可以从屏幕菜单中用鼠标、光标键或关键字母选择；所称"点取"指用键盘光标键，Enter键或者用鼠标左键确定屏幕上一点。

1. 输入结构平面图

(1) 键入 TBPEN。

(2) 选"建立新的工程几何平面图"。

(3) 选"建立新的几何总信息"。注意查看，修改以下参数：

"结构计算总层数（＜总层数）[10]"取19；

"梁端弯矩调幅系数（0.7～1）[0.85]"取0.85；

"连梁刚度折减系数（0.55～1）[0.80]"取0.6；

"梁刚度增大系数（1～2）[1.00]"取1.5；

"远、近震选择（近震1，远震2）[1]"取1；

"周期折减系数（0.6～1）[0.80]"取0.90；

"振型数选择（1～72）[3]"取6。

(4) 选"输入层高，混凝土强度等级"，依照表5-15输入。

(5) 选"建立新的楼层平面图"。输入以下参数：

"X方向跨数（等跨度前加负号）="10，依次为2.4，4，4，4，4，4，4，4，4，2.4；

"Y方向跨数（等跨度前加负号）="8，依次为5，2.5，2，3.5，3.5，2，2.5，5。

注意：这里的轴线不是实际建筑轴线，多加的轴线是为作图方便而设的。

(6) 选择输入第 1 层。
(7) 在"柱"菜单中,忽略上下柱的偏心影响。
①选"基本截面"为 0.9×0.9,角度 0;
②再选"确认柱位"布置柱;
③最后选"角柱确认",点取四角的柱子。
(8) 在"剪力墙"菜单中,忽略墙的偏心影响,选"基本墙厚"为 0.16。
①先选"确定墙肢",(先不计洞口布置墙),在 F2 状态下,光标移到墙肢一端附近的交点,再用 F3、PgUp 或 F4 输入步长,光标再移到墙肢端点,确认,同理再移到另一端,确认,这样就完成了一段墙肢的输入。
②再选"输入新墙厚"为 0.14,用"窗口修改(包围)"方式修改内部的墙厚。
③最后选"墙肢开洞",对长度超过 8m 的墙肢或墙肢数>19 的墙肢设置洞口,一般选"任意开洞",确认洞口位置及大小,即确定连梁。
(9) 在"梁"菜单中,忽略梁的偏心影响,选"基本截面"0.3×0.9,这样所有轴线上均布置了梁。
①选"删除"去掉多余的梁。
②选"输入修改截面"0.3×0.6,用"窗口修改(包围)"方式修改①轴上中间跨梁,其他已有梁的修改照此进行。
③选"输入修改截面"0.2×0.35,再选"添加梁"确定楼梯部位的梁,其他需添加次梁的修改照此进行。
④选"悬臂梁"确认(B)(C)轴线上两端的悬臂梁。
(10) 选"显示处理"来显示柱、梁、墙尺寸,并查看是否正确。
(11) 选"图形处理"中"梁柱编号"后再查看节点与尺寸,看有什么变化。
(12) 如果平面图正确,选"存盘",层号为 1,层数为 4。至此,建立了第 1 标准层。
(13) 选"修改已有楼层平面",层号为 1。在这里按第 2 标准层的布置及尺寸修改,过程不再赘述。**注意**:存盘时层号必须为 2,层数为 2,层号不得存为 1。
(14) 完成所有项后,选"形成 STRUC 文件"。这里还要依提示回答:不是多塔或错层结构。

至此,我们完成了结构平面图。上述步骤应反复练习,待熟练后,可以灵活掌握输入顺序。这时可用 CHKTB、QPLOT 来检查数据是否有误,参见"3 检查数据"。

2. 图形输入荷载
(1) 键入 TBLOAD。
(2) 选"建立新的工程荷载数据文件"。
(3) 选"层","输入层号"为 1。
(4) 选"楼面荷载"。
①输入"荷载值"为 5.0,选"全图同值";
②输入"荷载值"为 9.0,用"逐个指定(修改)荷载"来修改楼梯部分的荷载;其他部分照此进行;
③选"荷载模式","选择荷载模式"为矩形块四周传力模式;再选"全图同模";对个别部分单独修改,如楼梯,可选单向传力模式。

(5) 选"梁荷载","选择荷载模式并输入值",选满跨均匀布置方式,输入 4.2;选"添加荷载"给(A)(D)轴线上梁加载。其他梁上加载,照此进行。

(6) 处理完第1层后选"当前层荷载存盘"。选"层","输入层号"为 2 或选"处理后一层荷载"也可,然后选"当前层荷载同前层"。这里可以确认 2~9 层荷载与第 1 层相同。同样方法,重复 3~6 步,可以确定 10~18 层、19 层的荷载。

(7) 选"风荷载","由程序计算各层风载",输入参数:"修正后的基本风压"取 0.4,"结构的基本自振周期"由"程序近似计算","结构类型"选框剪或框筒结构,"地面粗糙度"为 C 类,"结构体型系数"为矩形 1.3。

(8) 选"文件"来"形成 LOADS 文件",然后"退出 TBLOAD"。

至此,我们完成了荷载布置,形成了 LOADS 文件。

3. 检查数据

(1) 选用 CHKTB 来检查,根据错误信息文件 CHKTB.ERR 检查原因,然后返回 TBPEN 或 TBLOAD 进行修改。特别提醒,如果 TBPEN 中改变了构件的位置或顺序,比如误删了一根梁后来又添加上,则必须重新进入 TBLOAD 进行荷载修改。

(2) 用 QPLOT 显示结构平面图。

(3) 用 LPLOT 显示荷载平面图。

4. 运行主程序

运行 TBSA1~5,TBQ02,TBS91,PEACH。

5. 检查计算结果

(1) 用 EDIT 查看超筋超限信息 PEA-E.OUT。分析原因,并进行修改。

(2) 用 EDIT 查看柱轴压比信息 PEA-P.OUT。查看柱截面或混凝土等级是否合适。

(3) 运行 PPLOT,查看配筋情况,根据工程设计经验判断配筋是偏大还是偏小。

(4) 如果上述 3 步结果比较合理,则说明设计过程基本正常。用户还可以进一步运行 PRMOD,观察振型;运行 CTBLD 查看混凝土用量;用 EDIT 查看 TBS2.OUT(包含结构风荷载,层重量,质心坐标及层质量惯矩)、TBS3.OUT(包含结构的周期、振型、地震力及单工况荷载作用下的位移)、TBSA4.OUT(包含构件内力及配筋)。

这里给出根据初算结果进行调整后的构件截面尺寸,见表 5-16,供参考。

表 5-16

层 号	柱			剪 力 墙		框 架 梁		标准层号
	A,D 轴截面	B,C 轴截面	混凝土	墙厚	混凝土	截面	混凝土	
1~2	900×900	950×950	C35	不变	C30	不变	C30	1
3~4	900×900	950×950	C30		C25		C25	1
5~6	850×850	900×900	C30		C25		C25	2
7~9	800×800	900×900	C25		C25		C25	3
10~13	800×800	850×850	C25		C25		C25	4
14~18	700×700	800×800	C25		C25		C25	5
19					C25		C25	6

另外给出调整后的第 1 层及第 10 层的平面布置图、荷载布置图与配筋图,见图 5-9,图 5-10,图 5-11。

当然,读者也可以选择其他的结构方案。一般地说,一项工程设计需要反复比较与计算才能得到比较满意的结果。

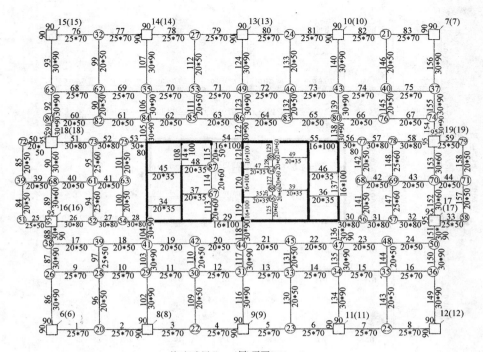

第1标准层(1--1层)平面(Unit:cm)
墙柱单元19梁158节点:70
局部4.80m柱标号:35梁标号30标高 0.00m~4.80m

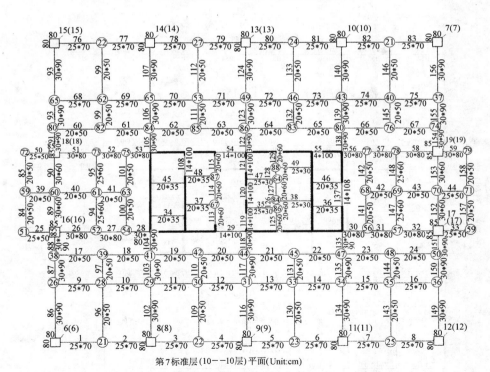

第7标准层(10--10层)平面(Unit:cm)
墙柱单元:19梁158节点:70
层高3.40m柱标号:25梁标号25标高21.80m~25.20m

图 5-9 结构平面布置图（部分）

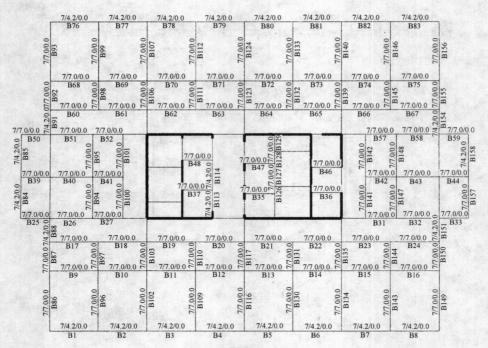

load,001 第1层荷载

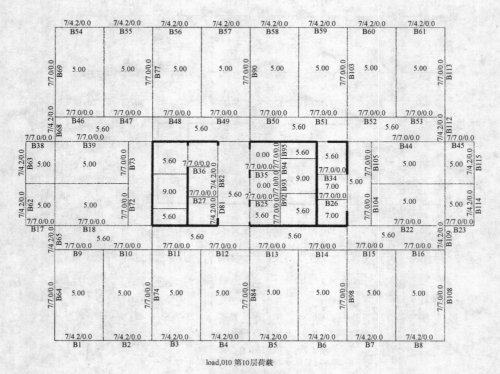

load,010 第10层荷载

图 5-10 荷载平面布置图（部分）

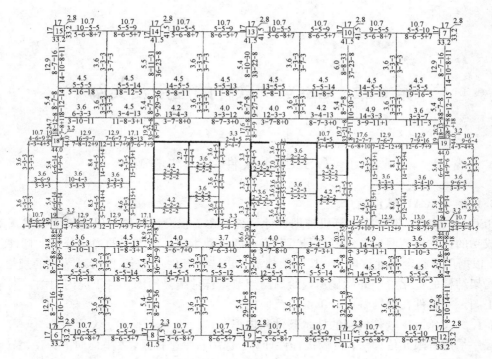

第1层配筋示意图(单位：cm*cm)

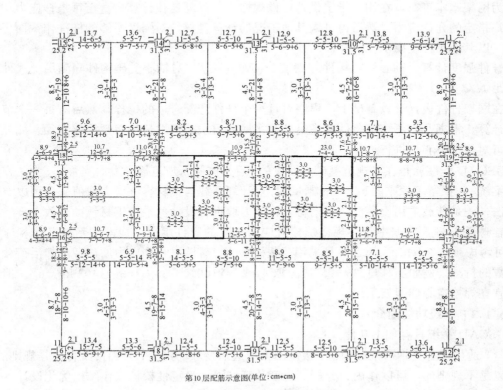

第10层配筋示意图(单位：cm*cm)

图 5-11 配筋平面示意图（部分）

第6章 GSCAD软件的应用及实例

6.1 GSCAD软件功能和特点

6.1.1 GSCAD软件简介

GSCAD空间网架结构计算机辅助设计系统是在工程设计和软件研制长期实践基础上开发成功的。它包括网架节点杆件号、节点荷载自动生成，多工况的力学分析，杆件强度设计，根据用户指定的允许应力，按网架规范要求选取杆件、螺栓、螺栓球节点的规格，以确定网架结构的优化解，并能显示或绘制网架节点杆件编号简图，各工况内力图，网架结构施工图。本软件在全国各设计单位广泛使用。

6.1.2 GSCAD软件编制的技术条件和依据

程序采用有限元位移法，按铰接杆件计算，选用右手坐标系，Z坐标向上为正，节点X的正方向均同坐标轴正方向。

对网架结构多工况荷载条件采用结合工程实际满足应力的优化设计法，即视计算第一工况为网架基本工况，在用户指定供选杆件规格中，反复迭代计算，直至每根杆应力均小于用户指定的允许应力，然后再进入其他工况的计算复核，对强度不够的杆件作截面规格调整，以其满足强度要求。

杆件强度计算对轴心受拉构件应满足 $\sigma = N/A_n \leqslant f$，对轴心受压构件除满足上式外还应满足 $N/\varphi(A) \leqslant f$。

在网架杆件设计计算基础上，程序对每一个杆件选配合适的螺栓，然后对每一个节点逐一计算。根据几何不相关条件和满足套筒接触面要求，选取最经济螺栓球直径。此外软件还可对焊接空心球进行设计。

GSCAD程序原是在老规范基础上开发的，后又按照新规范逐步发展完善的。为了程序内量纲统一，保留了原来的 kg·cm 制量纲，对计算荷载与钢材容许应力取值采用可以有两种方法。一是荷载采用设计值，但钢材容许应力取钢材设计值乘以钢材锈蚀系数（0.85），对螺栓球部分输入数据中每种规格螺栓对应旧规范的容许承载力应对照新规范作相应调整，可考虑乘1.2～1.3。第二种是采用荷载标准值，对钢材容许应力增加考虑静活荷载分项系数的折减。例如：对Q235容许应力取 $[\sigma] = 2100 \times 0.85 \div 1.3 = 1405$ kg/cm^2。但此法不宜在焊接空心球网架采用。

6.1.3 系统功能简介

GSCAD系统具有如下功能：

(1) 适用于各类钢网架结构、平板型网架或起拱变坡的网架，平面形状可以是规则的，也可以是不规则的，可以作内力分析、挠度计算、强度稳定性校核或作结构优化设计。

(2) 系统采用较强的网架自动生成技术，用户只要根据JGJ7-80网架规范附录一常用网架形式（如附图共十二种类型网架），指定所计算网架的类型号乘以△Y方向网格数及网格间距、网架高度等几个参数，程序自动构成结构的节点和单元；自动生成描述各类常用网架结构节点和单元的信息及数据结构；自动生成描述结构边界条件的信息及荷载向量等数据结构。

（3）系统还可以根据用户要求，利用结构的对称性，不仅自动生成结构对称的一半或四分之一的节点、单元、约束、荷载等信息，而且自动记录被对称面截断的杆，位于对称面又被对称面剖开的杆，即被剖开又被截断的杆，被X、Y方向两个对称面剖开的竖杆等各类杆件的对称信息，并在计算单元刚度矩阵，由节点位移求杆内力，验算压杆稳定，计算网架用钢量时均作相应处理，使计算结构一半或四分之一的结果与计算整个结构结果完全一致。

（4）系统具有设计计算和校核计算两种方式。设计计算时，系统具有杆件截面规格优化设计和网架高度优化设计功能；校核计算时，不修改杆件截面规格，仅作力学计算和强度复核。

（5）系统采用自动分块求解方法，即对大规模网架，其计算所需容量大于计算机内存，系统自动分块求解，因此从计算机容量角度本系统对所计算网架规模不受限制。

（6）本系统采用数值输入生成网架节点，杆件信息方法，与一般的图形交互输入方法相比具有生成网架数据迅速，数值准确，便于多方案比较和厂家构件归并加工的优点。

（7）本系统通过自编的FORTRAN语言与.DWG接口，直接生成AUTOCAD中的.DWG图形文件，由系统自动选取图纸大小、数量，自动排版成图。用户可以显示、打印或绘制网架节点杆件编号简图，各工况内力图，网架施工图，其中包括杆件、球节点汇总表。

6.2　网架分类简介

6.2.1　按网架支承情况分类

1. 周边支承网架

如图6-1，这种网架四周边节点均为支座节点，网架受力均匀，空间刚度大，使用最广泛。

2. 三边支承网架

如图6-2这种网架和第一种相比只有三周边为固定支座，另一边形成自由边界。

3. 两边支承网架

如图6-3，只有两对边上为固定支座，其余两边为自由边界。

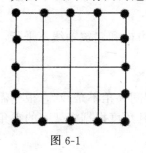

图6-1

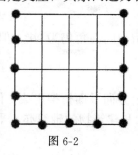

图6-2

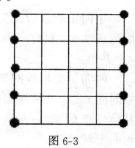

图6-3

4. 四点支承网架

如图 6-4，整个网架由四点支承，支承点宜对称布置。这种网架由于悬臂段的作用，使跨中弯矩减小，但支座受力较大。

5. 四点支座连续网架

如图 6-5，这种网架支承由多个四点支座组成，像平面结构中的连续梁，使弯矩较为均匀地分配到正负方向，和第四种相比，受力较均匀。

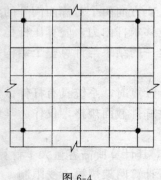
图 6-4

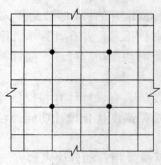
图 6-5

6.2.2 按网架组成分

1. 由平面桁架组成网架

这种网架是由若干平面桁架相互交叉而成。根据建筑物平面形状和跨度，可由两个或三个方向平面桁架组成，桁架间的夹角可以任意，常见以下四种形式：

（1）两向正交正放网架

如附图 6-1，由两个方向桁架组成，桁架方向平行建筑物轴线，桁架夹角为 90°。

(a) 俯视图

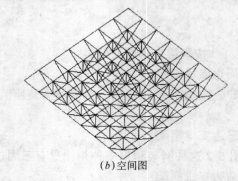
(b) 空间图

附图 6-1

（2）正向正交斜放网架

如附图 6-2，和第一种相比，桁架间夹角仍为 90°，但桁架方向和建筑轴线不平行，而是成 45°夹角。

（3）两向斜交斜放网架

如附图 6-3，这种网架仍由两个方向平面桁架组成，但桁架间夹角不是 90°，根据需要可成其他任意角度，一般为 45°桁架和建筑物的轴线亦不平行，其角度根据桁架间的夹角和建筑物的形状确定。

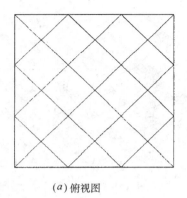 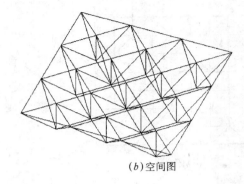

(a)俯视图　　　　　　　　　　　(b)空间图

附图 6-2

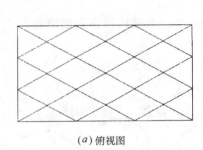 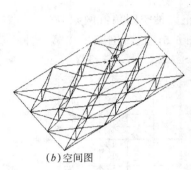

(a)俯视图　　　　　　　　　　　(b)空间图

附图 6-3

(4) 三向网架

如附图 6-4，这种网架由三个方向平面桁架组成，桁架间夹角为 60°，和两向桁架相比刚度较大，一般用于大跨度中。

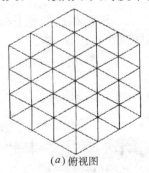 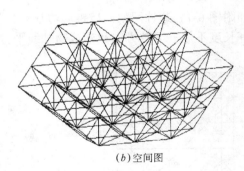

(a)俯视图　　　　　　　　　　　(b)空间图

附图 6-4

2. 由四角锥体组成网架

这类网架基本单元是倒放的四棱锥体，其锥底边连接形成上弦，连接各锥顶形成下弦，斜棱线组成腹杆。根据四棱锥不同组合又分下列五种：

(1) 正放四角锥网架

如附图 6-5，这种网架的四角锥底边是边边相连组成网架上弦，连接锥顶形成下弦，上、下弦杆长度相等，但错开半个节间，方向均和建筑物轴线平行。

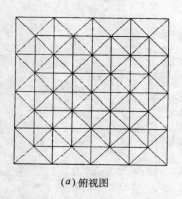 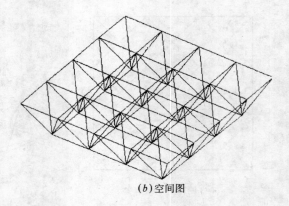

(a)俯视图　　　　　　　　　　(b)空间图

附图 6-5

(2) 正方抽空四角锥网架

如附图 6-6，这种网架是在第一种的基础上，抽掉某些四棱锥而形成的。

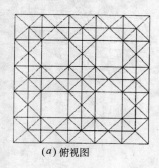 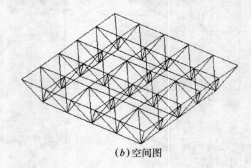

(a)俯视图　　　　　　　　　　(b)空间图

附图 6-6

(3) 斜放四角锥网架

如附图 6-7，这种网架四棱锥底边是角角相连组成网架上弦，锥顶相连形成下弦，上、下弦杆长度不等。下弦方向和建筑物轴线平行，上弦方向和建筑物轴线成 45°。

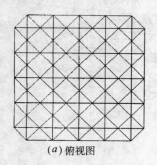 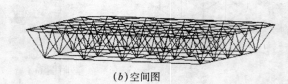

(a)俯视图　　　　　　　　　　(b)空间图

附图 6-7

(4) 棋盘形四角锥网架

如附图 6-8，这种网架是在第三种的基础上水平转动 45°角形成的，因而网架上弦和建筑物轴线平行，下弦和建筑物轴线成 45°角。

(5) 星形四角锥网架

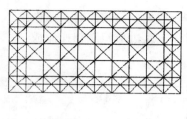 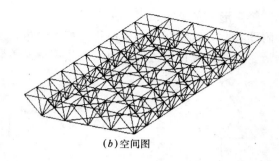

(a)俯视图　　　　　　　　　　　　(b)空间图

附图 6-8

如附图 6-9，这种网架基本单元和上述有所不同，它是一个星形四棱锥，其组成是：增加底面的两个对角线和锥高，去掉锥底边，然后再边边相连而组成的。底面对角线组成网架上弦，其和建筑物轴线成 45°连接锥顶组成下弦，下弦和建筑轴线平行。

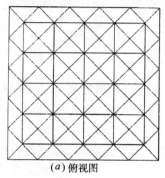 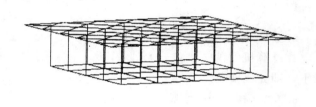

(a)俯视图　　　　　　　　　　　　(b)空间图

附图 6-9

3. 三角锥体组成网架

这种网架的基本单元是由正三棱锥组成，底边形成上弦，锥顶相连形成下弦，斜棱线组成腹杆，按三棱锥组成不同分下列三种：

（1）三角锥网架

如附图 6-10，这种网架是由三角锥角角相连，但上弦中间仍形成正三角形而形成的。

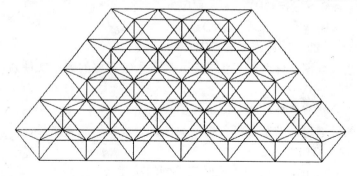

附图 6-10

（2）抽空三角锥网架

如附图 6-11，这种网架是在上述网架的基础上抽去部分正三棱锥形成的。

(3) 蜂窝形三角锥网架

如附图 6-12，这种网架仍是由正三棱锥角角相连形成的，但相连时上弦中间不是形成正三角形，而是形成正六边形，因而上弦是正三角形和正六边形间隔相连而成。

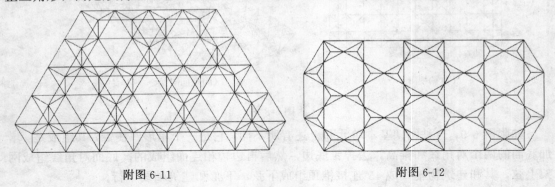

附图 6-11　　　　　　　　　　　　　　附图 6-12

6.3　GSCAD 软件基本使用方法

6.3.1　GSCAD 程序安装

在计算机硬盘中建立一个目录，例 C：\GRD＞，把 GSCAD 盘中所有文件复制到此目录下，即完成安装。

6.3.2　程序运行步骤

GSCAD 程序可以按照程序运行步骤操作，也可以按菜单运行步骤操作，程序运行步骤如下：

1. 编辑输入数据文件

首先用户应按本章第 6.3 节中数据说明规定，输入计算网架信息，编辑输入数据文件。实际工程中由于很多数据信息不是经常变动的，所以用户可以选取一个以往网架工程或系统提供的算例所输入数据的备份或自己输入的数据文件，以此为基础修改不同的数据信息形成新的数据文件。

2. GRD1 网架计算数据生成（检查数据文件）

在 DOS 提示符下运行 GRD1.exe 程序。

D：＞键入程序所在子目录（GRD）

D：\GRD＞：键入运行程序名 GRD1

待程序提示输入数据文件名（无扩展名）后输入编辑好的数据文件名，检查结果文件名不变后辍扩展名为 .OV1。

3. GPLT 生成网架节点杆件编号图形简图

本步骤的目的是通过网架节点杆件编号简图进一步校核。方法是：

C：\GRD＞键入 GPLT

程序提示键入 0 或 10，即选择生成网架简图的功能。0 为利用 X、Y 两个方向对称性；10 是利用一个方向对称性和不利用其对称性或网架不对称时。选择完毕后系统直接生成文件名不变后缀 .DWG 的图形文件。进入 AutoCAD 打开上述图形文件即可校对检查。当用户有经验后对计算确有把握时可跳过这一步骤。

4. GRD2 网架内力分析构件强度设计

GRD2 网架内力分析与构件设计程序中有网架结构设计和网架构件校核两个通道，对于前者又有两种不同的优化选杆准则可供选择。方法是：

C：\GRD>键入 GRD2

程序提示输入 0 或大于 0 的数 N，选择完毕后，程序生成文件名不变后缀.OV2 的计算结果文件。

输入 0 是按第一种杆件优化准则计算，其特点是只准杆截面增加，不准减小，是目前普遍采用的办法，其优点是相邻杆件截面大小相差不是十分大，结构杆件比较匀称。

输入大于 0 的数 N 是按第二种杆件优化准则计算，其特点是按内力挑选经济截面，每根杆件既可增加，也可以减少，更加接近满足应力设计理论，优点是用钢量更加经济，缺点是有时相邻杆件截面相差很大。其中 N 是按此方法迭代计算的次数。

5. SLNODE 螺栓球或焊接空心球的设计计算方法是：

C：\GRD>键入 SLNODE

程序提示输入 1 或 11 或 2，输入完毕即进入节球点的计算。1 或 11 用于螺栓球计算，其中 1 是按旧规范方法设计，11 是按新规范方法设计螺栓球。2 是按新规范设计焊接空心球。

6. GPLT 完成网架圆形文件

GPLT.exe 文件可在 3、6 步被重复使用，当网架完成内力分析，选球后再运行该程序时，它在不同的图层上增加输出杆件内力和杆件节点规格编号。运行方法为：

C：\GRD>键入 GPLT

    键入 1 或 11

1 为网架平面图左边生成一个剖面，而 11 除左边这一剖面外，在平面图下方另外再生成一个剖面图，根据网架复杂程度选 1 或 11。

6.3.3 菜单运行步骤

运行 GSCAD 可进入下列主菜单：

1：INPUT DATA FILE NAME
2：EDIT DATA FILE
3：AUTOMATICALLY FORM
4：CALCULATE & ANALYSE
5：SELECT SCREW AND NODE
6：MAKE DWG FILE
7：GO TO DOS
8：PRINT OUTPUT FILE
0：EXIT

主菜单各功能选择项一般可按顺序执行，各功能项的功能如下：

1：命名文件名，文件名不超过 7 个字符，不带扩展名。

2：根据输入数据说明规定，编辑输入数据文件，同时形成带有"$"开头变量字母说明数据文件，便于用户阅读检查。

3：检查数据文件，形成以.OV1 为后缀的文件。

4：网架分析与计算；结果存于文件名不变后缀 .OV2 的文件中。
5：挑选螺栓和球节点规格并作汇总。结果存于文件名不变后缀 .NOD 的文件中。
6：根据计算结果形成网架施工图文件。
7：进入 DOS 状态，执行 DOS 命令。
8：打印计算结果。
0：退出 GSCAD 系统。

由用户调用 AutoCAD，显示、打印或绘制网架各种图形。
GSCAD 软件清单如下：
1：GSCAD.EXE 网架结构 CAD 主控程序。
2：EDT.BAT 网架输入数据编辑批处理命令文件。
3：GRD1.EXE 网架数据自动生成程序。
4：GRD2.EXE 网架计算优化设计程序。
5：SLNOD.EXE 网架螺栓球节点选择程序。
6：GPLT.EXE 网架施工，内力图生成程序。
7：GSCAD.FMT 网架输入数据格式文件。
8：GSCAD 若干算例输入数据文件。

6.4 GSCAD 软件设计实例

6.4.1 输入数据文件编号

用 DOS 下的任意编辑工具或软件自带编辑工具均可以。文件名不超过 7 个字符，不带扩展名。现以某斜放四角锥网架为例，说明数据文件的编写，本程序按记录采用自由格式依次输入以下变量。

1．总信息（共 11 个数）
IGTYPE，LODCS，NAG，EE，SGM，NFA，HL，HU，MJL，MML，JR

（1）IGTYPE：网架类型号，见附图。有 12 种类型可供选择，填 0 为不规则网架。
本例为 8。

（2）LODCS：绝对值为网架计算工况数，负号时为设计；正号时为校对。
本例为-1。

（3）NAG：绝对值为材料钢号：3 为 Q235，16 为 16 锰钢；当为负号时为型钢，需输入各类杆件的面积和回转半径。
本例为 3。

（4）EE：网架材料弹性模量（kg/cm^2）。
本例为 2000000。

（5）SGM：材料设计允许为（kg/cm^2），需考虑附加安全系数。
本例为 1450。

（6）NFA：用户提供杆件截面规格数，正号时系统自动计算网架自重；负号时不计算网架自重。在荷载计算时需计入网架自重。
本例为 8。

(7) HL：网架高度优化时，网架高度最小值（cm）。

(8) HV：网架高度优化时，网架高度最大值（cm）。当 HL＝0 且 HV＝0 时，为不作网架高度优化。

本例两值均为 0，说明不作高度优化。

(9) MJL：网架节点增加、删除或修改及不等间格网格，不同坐标系信息。

    MJL＝0   不增删节点；
    MJL＝1   为按行、列、层号增加或删除部分节点；
    MJL＝2   为按节点坐标值增加或修改节点；
    MJL＝3   为上述 1、2 功能都有；
    MJL＝4   为 X 方向网格不等间格；
    MJL＝8   为 Y 方向网格不等间格；
    MJL＝16   为 Z 方向网格不等间格；
    MJL＝32   XOY 平面为极坐标；
    MJL＝64   YOZ 平面为极坐标；
    MJL＝128   为修改单个节点坐标；
    MJL＝256   为修改一串节点坐标。

MJL 的值可以由多个数值相加组成，表示同时拥有各种功能的组合，例如 MJL＝1＋4＋8＋256＝269，表示 1、4、8、256 功能均有。

本例为 MJL＝0。

(10) MML：网架单元增加或删除信息。

    MML＝1   为按行、列、层号增加或删除单元；
    MML＝2   为按节点号增加或修改单元；
    MML＝3   为上述两者都有；
    MML＝0   不增删。

本例为 0。

(11) JR：网架支座节点约束输入信息。

    JR＝1   为按行、列、层号输入节点约束信息；
    JR＝2   为按节点号输入约束信息；
    JR＝3   为上述两者都有；
    JR＝0   为规则网架支座节点，由系统自行处理。

本例 JR＝0。

2. 规则网架参数：当 1≤IGTYPE≤12 时输入（共 9 个数）

NGX, NGY, NX, SNY, GHIGH, ISMTRY, IRESTR, QTOP, QBOT。

(1) NGX：整个网架 X 方向网格数。本例为 12。

(2) NGY：整个网架 Y 方向网格数。本例为 11。

(3) SNX：X 方向网格间距（cm）。本例为 300。

(4) SNY：Y 方向网格间距（cm）。本例为 300。

注：对三角锥状网架 SNY 是由 SNX 决定的，SNY 另有含义。

(5) GHIGH：＞0 时为平板网架高度（cm）。≤0 时表示上下弦平面均变坡。

本例为 300。

 (6) ISMTRY：网架对称信息。

   ISMIRY＝0   计算整个网架，形成四个图形文件。
   ISMIRY＝1   X 方向对称，形成两个图形文件。
   ISMIRY＝2   Y 方向对称，形成两个图形文件。
   ISMIRY＝3   X、Y 方向均对称，形成一个图形文件。

本例为 3。

 (7) IRESTR：规格网架约束信息。

   IRESTR＝1   为网架周边切向约束。
   IRESTR＝10   为网架周边法向约束。
   IRESTR＝100   为网架周边简支约束。
   IRESTR＝111   为网架周边固定约束。
   IRESTR＝0   为系统不作处理，由用户自行输入。

   本例 IRESTR＝100。

 (8) QTOP：上弦平面均布荷载（kg/cm^2）。本例 QTOP＝0.022。

 (9) QBOT：下弦平面均布荷载（kg/cm^2）。本例 QBOT＝0.002。

3. 当 GHIGH≤0 时输入变坡信息，否则输入下一记录。本例 GHIGH＞0，不必输入信息

4. 当 MJL＞0 时输入节点增删信息，否则输入下一记录。本例 MJL＝0，不必输入信息

5. 当 MML＞0 时输入单元增删信息，否则输入下一记录。本例 MML＝0，不必输入信息

6. 当 JR＞0 时输入节点约束信息。否则输入下一记录。本例 JR＝0，不必输入信息

7. 从小到大依次输入各杆件规格截面参数，规格个数数量应和前面的 NFA 相对应

   当 NAG＜0 时输入：各类杆件截面积（cm^2）。
   当 NGA＝0 时输入：各类杆件回转半径（cm）。
   当 NGA＞0 时输入：规格管材的复合信息 XXX.XXX。其中整数部分为杆外径。三位小数为杆的壁厚，单位均为毫米。本例为 8 种规格的管材，应输入

  60.035 75.037 88.04 …… 203.05

8. 依次输入各工况下荷载，共 |LODCS| 次，LODCS 为工况数，在总信息中输入一行需填写四个数 RKQ、JQ、DT、ISM。其中

 RKQ：为上、下弦平面均布荷载参与本工况的比例系数。

 JQ：为本工况补充节点荷载信息。JQ＝0 不补充节点荷载；JQ＝1 按层、列、行输入补充节点荷载；JQ＝2 按节点号输入节点荷载；JQ＝3 补充节点荷载时按上述两种方法均可。

 DT：本工况下考虑温度应力变化温差值（单位度），大于 0 为升温；小于 0 为降温；等于 0 为不考虑。

 ISM：网架反对称计算信息，目前只准填 0，表示对称约束。

   本例为 1 0 0 0。

9. 输入 ZZ、RK1、RK2。其中

ZZ：为约束时用的大数，一般取1000，对不太稳定网架，例如正向正交正放网架可取100。

RK1：为弦杆及支座腹杆计算长度系数。

RK2：为腹杆计算长度系数。

本例为：1000　　1　　1，

缺省时 ZZ=1000，RK1=1，RK2=1。

10. 用户为选螺栓、螺栓球节点而提供参数，与上面输入的计算数据用"BOLD"开头的一行相隔开

（1）输入螺栓球节点的总信息。

MTYP，MNOD，NNOD，CAC，ATA，ATA1，IFM

其中

MTYP—提供挑选的螺栓规格数；

MNOD—提供挑选的螺栓球规格数；

NNOD—本网架允许选用螺栓球直径规格数；

CAC—螺栓伸进钢球长度与螺栓直径比值。一般取1.1；

ATA—套筒外接圆直径与螺栓直径比值，一般取1.8；

ATA1—取1.82。考虑与节点相连杆件套筒几何不相等；

IFM—允许每一规格截面杆件有 IFM 个规格螺栓。

（2）从小到大排列供选螺栓直径，单位毫米，共 MNOD 个。

（3）从小到大排列供选螺栓直径，单位毫米，共 MTYP 个。

（4）供选螺栓相对应的容许承载力，单位吨，共 MTYP 个。

（5）与螺栓相对应无纹螺母长度，单位毫米，共 MTYP 个。

（6）与螺栓对应封板规格。

（7）与螺栓对应锥头规格。

本例为 BOLD

14　13　4　1.2　1.8　1.82

16　18　20　22　24　27　30　33　36　39　42　48　52　56

5.46　6.51　8.36　10.43　12.61　16.39　20　24.5　29　34.5　40　52　62.5

72.5　80　100　110　120　140　160　180　200　210　230　250　280　320

11. 用户为选焊接球节点参数提供的数据，与上面输入的计算数据用"WELT"开头的一行相隔开

（1）MNOD，NNOD，SGM，BIB。

其中

MNOD	提供挑选的焊接球直径规格数
NNOD	本网架允许选用焊接球外径规格数
SGM	焊接球允许应力，单位 kg/cm^2
BIB	焊接球加肋信息。1 为加肋，0 为不加肋。

（2）从小到大排列供选焊接球直径和壁厚 XX、XX。其中整数表示球外径，二位小数表示壁厚，单位毫米。本例采用螺栓球无此项。最后形成的数据文件是：

```
8   -1   3   2000000   1450   8   0   0   0   0   0
12   11   300   300   300   3   100   0.022   0.002
60.035   75.037   88.04   114.04   140.045   165.045   180.045   203.045
1   0   0   0
1000   1   1
BOLD
14   13   4   1.2   1.8   1.82
16   18   20   22   24   27   30   33   36   39   42   48   52   56
5.46   6.51   8.36   10.43   12.61   16.39   20   24.5   29   34.5   40   52   62.5
72.5   80   100   110   120   140   160   180   200   210   230   250   280   320
```

6.4.2 完成数据文件编写后退出编辑程序，然后将此数据文件复制到子目录 GRD 下，按第 6.2 节有关步骤进行设计

第 7 章 CAD 应用中应注意的问题

7.1 合理配置硬件资源

根据我国国情和目前计算机技术发展的现状与趋势，我国建筑设计部门还是应坚持走发展微机 CAD 系统为主的方向，这已为工程设计行业广大计算机应用工作者十几年来的实践证明是成功的道路。目前微机档次差别较大，从 486 机到奔腾 III 都在应用。而且微机产品正以空前的速度不断的更新换代，永远不可能实现一步到位。因此各设计部门应合理选择技术实用的 CAD 的硬件平台，应本着"适用和够用"原则，用什么买什么，需要什么档次的机器就买什么档次的。选配微机应和选择软件综合考虑。只要满足软件对硬件环境的要求即可，有条件的单位可适当选择档次稍高一点的配置，以考虑将来软件升版的需求。建筑结构专业相对建筑设计专业来说，对计算机图形处理能力的要求要低一点，所以选择低价位的 CPU（如 Celeron 或 AMD K6 等）往往运行效果与高档的奔腾 III 并无明显差异，但价格却便宜得多。一般应优先选择品牌机，目前国产品牌机或进口品牌机的价格并不比组装机高出太多，但质量和售后服务更有保证，而且品牌机的设计考虑部件的优化配置比较合理，整机性能更容易得到充分发挥。另外，外围设备的选配也应追求合理，一方面考虑其本身的性能、价格因素，另一方面也要考虑整个计算机系统的性能匹配，以免高档设备受其他低档设备的瓶颈制约，难以充分发挥其性能，造成资源浪费。

7.2 合理配置软件资源

软件是 CAD 的灵魂，选择好的软件是项重要的决策，关系很大。目前对于软件的功能、可靠性、易使用性、成熟性、易理解性、容错性等质量因素还难以定量分析，缺乏必要的测试手段和质量标准。现在的软件市场很不规范，缺乏权威的软件测评机构，还未正式建立软件的准入机制，面对众多的软件宣传和广告，一般没有条件引进各种软件进行对比试用。如何选配软件有时难以决定，通常可考虑三条原则：一是实用性，即用户界面要友好，易学易用，兼容性好；二是系统性，选配的各专业软件要成系统，这样各专业间设计可接力运行，提高使用效率；三是可发展性，软件必须有完善的售后服务和及时的版本升级。一般应选用国家大型科研单位研制的软件，这些软件的实用性、系统性、可发展性比较可靠，另外维护、升版等重要的服务工作也相对较好。目前有些软件开发单位已在互联网上设立了自己的网站，用户可通过网络享受版本升级、技术咨询、经验交流等便利，如 PKPM 系统软件的网页地址之一为：www.pkpm.cngb.com。另外若单位计算机已组网，则可根据实际情况选购软件的网络版，这样使用和管理均比较方便。另一个很重要的原则是坚持使用正版软件，杜绝使用盗版软件，这一方面是保护知识产权，发展软件产业的正确要求；另一方面是确保设计质量的基本要求，这一点对结构设计工作尤为重要，因为这样的计算差错有时比较隐蔽，一旦未能及时察觉，就可能造成重大设计错误，导致"豆腐渣"工程。

7.3 正确对待 CAD 技术

在 CAD 技术推广过程中，有时会遇到两种极端的倾向，一种倾向是对计算机的不信任感甚至排斥心理，把软件计算得到的结果仅作为某种参考，随意地凭个人的主观经验修改设计，只愿意采用图形支撑系统（如 AutoCAD）来帮助出图。这仅实现了计算机辅助绘图功能，并不是真正的计算机辅助设计，这样是难以进行多方案优化设计的。造成这种倾向的原因可能有两点，一是对计算机的操作使用不熟悉；另外可能是曾经遇到某些软件功能不完善甚至确实有错的情况，"一遭被蛇咬，十年怕井绳"。另一种倾向是盲目依赖计算机。目前工程项目的设计周期都要求的很紧，设计人员为了赶工期，往往只追求和满足由计算机得到设计结果，即使运行中出现"死机"或"出错"的情况，也不仔细追究原因，只简单地修改某些参数再开始执行，只要最后计算通过，即万事大吉。实际上 CAD 系统不能当成傻瓜相机那样使用。在应用 CAD 技术中仍要发挥设计人的思维、人的创造，计算机只是工具，是人来指挥设计，而不是机器简单地代替人来设计。必须纠正"计算机出图不会有问题"的错误认识。事实上，软件是人编制的，数据是人输入的，绘图配筋也是人在计算机上参与修改的，在这些环节上都可能发生人为错误。所以必需加强对计算结果的较核和复核工作，把好出图质量关。

7.4 了解软件编制的技术条件

选择购买适用的软件后，必须首先仔细地阅读软件的配套资料，包括用户使用说明、技术手册及设计例题等。必要时参加软件开发商提供的培训课程。专业应用软件的编制中都对结构进行了近似简化处理，采用一定的计算模型、假定条件、计算方法和应用环境，这些即为软件的技术条件，例如剪力墙有按薄壁杆件单元处理，也有按空间有限元模型（墙元）处理。使用者在使用前一定要了解软件技术条件的限制、软件的适用范围和技术参数。针对具体设计对象的特点，合理选择适当的软件及计算模型。如果对这些了解不透彻，把软件当作傻瓜相机、黑匣子来使用，就可能产生设计事故。

7.5 正确掌握软件的使用方法

只有掌握了软件的正确使用方法，才有可能最大限度地提高操作效率，防止错误操作，正确无误地使用好软件。目前应用软件大多提供人机图形交互输入方式，用鼠标在屏幕上点选对象，快捷轻松，大大方便了用户，但是也容易因操作有误而未及时发现，造成设计出差错。有关单位在对一些工程 CAD 设计质量检查中发现，除了软件本身的缺陷以外，最容易出现操作失误的地方有：清理荷载漏项；荷载数据输入出错；人工修改配筋失误；参数调整时理解错误等。

采用 CAD 技术后，设计节奏加快，人的注意重点分散，容易造成荷载清理时漏项。特别是一些设计经验不足的新手,计算机使用可能比较熟练,但容易在这里漏算或算错荷载,有时只是机械地导算隔墙荷载,而未考虑二次改造因素。

有时尽管荷载清理时计算无误,但在最后仔细检查校对时,发现荷载简图甚至结构简图有错,这在人工图形交互输入误击鼠标时容易产生。特别是在对结构多次进行修改时,容易改变原先的正确输入而未发觉。

结构计算完成后,对配筋结果往往需要归并及人工干预才能绘制出满意的施工图,此时一定要细致耐心,防止盲目改大计算配筋,甚至改错。还要避免操作失误,在图纸上标注错误,造成设计差错。出图前一定要加强校核工作。

结构设计中往往涉及一些参数的选择,如荷载折减系数、弯矩调幅系数、惯性矩增大系数、地震周期折减系数等,它们的合理取值范围有的是大于1.0,有的是小于1.0,若不理解其含义,容易选择出错。在CAD软件中为方便用户,经常给出默认值,使用时应正确处理,不可盲目使用默认值。

7.6 CAD输出结果的检查与校核

从数据输入到施工图出图,中间环节较多,采用CAD后设计周期大大缩短,设计人员的脑力劳动强度相应加大,设计人员自我校对的质量有时受时间限制难以保证,加之软件的自动化程度较高,有时难以发现差错,校对与审核工作相应必须加强。坚持严密的校审制度,建立完善的校对过程和关键数据控制表,将有利于控制出图质量。结构建模后,对荷载取值、各种材料强度取值、抗震烈度、抗震等级等都要准确核对,无误后再进行下一步计算。为了便于校审,及时打印出计算机输入与输出文件,应将平面简图、荷载布置图、内力包络图、配筋包络图、以及一些关键参数,如调整系数、构造措施、隐含参数和人工干预情况等打印出来,供校审时与施工图纸对照检查。这在目前结构CAD软件对复杂结构施工图绘制质量有时尚不理想时,往往需要人工归并、调整处理的情况下,尤为重要,可以降低发生重大人为失误的可能性。

7.7 CAD设计结果的分析与判断

采用CAD技术后,对设计人员的专业知识和工程经验的要求不是降低了,而是提高了。商品化的结构CAD软件一般已经过开发单位的考核,但由于编制结构软件的复杂性和难度,也不排除软件在某些特殊的分支流程存在缺陷,考核题目一般也有局限性,所以软件也可能局部出错。有个别版本的程序就曾发生过较大的差错。所以并不是任何人只要学会软件的操作都可以胜任结构设计工作,计算机输出的设计结果也不都是正确的,可以直接采用。解决这类问题仅靠一般的校审工作有时显得很不够,可通过两种途径加以防止。一是对新软件首先进行考题,审核其可靠性;二是坚持设计人员对输出结果进行的分析与判断。进行考题工作时,可选择较典型的、又便于手工计算或用其他软件计算的结构模型,分别进行计算,将结果加以比较对照;还可和以前的实际工程(包括复杂结构模型)的成功设计结果用新软件复核、比较,了解和掌握它的可靠性和性能特点。对于第二条途径来说,综合运用基础知识和设计经验的能力是很重要的。在面对体型复杂或高层建筑时,正确运用概念设计方法对软件输出结果进行分析和判断，尤为重要。可从结构的动力特性参数（如自振周期、振型曲线形状）、静力平衡条件，内力和位移的大小和分布规律（包括对称性的利用）、地震作用的大小、超限截面的多少与位置等方面加以考查。还可和已有类似结构设计进行比较。有条件时，还可用两个软件由多人操作对复杂结构进行设计对比。下面几点具体方法可供参考。

1. 周期

结构的自振周期是反映结构固有特性的一个重要参数，周期太长表明结构太柔，反之则太刚，正常的结构类型其自振周期应在一个合理的范围之内，一般可按经验公式估算。对于通常较规则的结构平移振动时（扭转耦联振动时情况较复杂），常可取其层数 N 按下列公式计算判断其自振周期是否大致合理：

框架结构：$T_1 = (0.12 \sim 0.15) N$

框架—剪力墙结构和框架—筒结构：$T_1 = (0.06 \sim 0.12) N$

剪力墙结构和筒中筒结构：$T_1 = (0.04 \sim 0.06) N$

第二及第三振型的周期近似为：$T_2 = (1/3 \sim 1/5) T_1$；$T_3 = (1/5 \sim 1/7) T_1$

如程序输出结构自振周期值异常，往往提示有问题存在，应注意查明。

2. 变形特征

振形曲线和水平力下位移曲线也是判断结果正确性的重要根据。不同类型的结构变形特征不同，如框架结构呈剪切变形规律，而剪力墙结构呈弯曲变形规律，框架—剪力墙结构则介于两者之间，呈反 S 形变形曲线。一般情况下，第一振型曲线无零点（不计原点）；第二振型曲线在 $(0.7 \sim 0.8) H$ 处有一个零点；第三振型曲线分别在 $(0.4 \sim 0.5) H$ 及 $(0.8 \sim 0.9) H$ 处有两个零点。如软件输出的振形曲线的过零线点数与振型阶数不对应，或曲线有异常突变，或结构在水平力作用下的侧移大小与曲线形状不符合正常规律，有明显异常，则应引起警惕。

3. 静力平衡条件

结构的内力和外力应平衡，结构的基底剪力和轴力应和上部结构所受水平力和竖向力代数和分别对应。在梁柱节点也应满足力的平衡。另外对于对称结构，在对称荷载作用下其内力和变形也应对称。

4. 配筋

按正常情况设计的结构，其构件的配筋率应在合理范围内，在应力集中的部位配筋量一般也相应增大，如果大量出现超筋或按构造配筋截面，则应分析考虑其原因。

7.8 CAD日常使用中应注意的事项

应做好计算机安全防范工作，对于重要的软件和数据，应做好备份，以防系统出问题或受病毒感染造成损失。平时注意认真做好计算机硬件系统的保养维护工作。对于外来磁盘和光盘，应在检查杀毒之后才能使用，上网的计算机还应防止网络上病毒的传播。爱护和保管好所使用的磁盘和光盘，特别是应用软件的钥匙盘和加密锁。切忌带电插拔加密锁或其他外围设备，以防烧毁接口芯片。

主要参考文献

[1] 唐锦春主编.第九届全国建筑工程计算机应用学术会议论文集.中国:哈尔滨,1998年8月
[2] 任爱珠、张建平、马智亮编著.建筑结构CAD技术基础.北京:清华大学出版社,1996年
[3] 陈亦望编.计算机辅助设计基础.南京:东南大学出版社,1996年
[4] 简洪钰主编.建筑结构CAD.武汉:武汉工业大学出版社,1997年
[5] 刘子建、黄红武、宗子安等编著.计算机辅助设计CAD原理与应用技术.长沙:湖南大学出版社,1998年
[6] 吕凤翯编著.AutoCAD基础教程.北京:清华大学出版社,1996年
[7] 张洪学、尹相一等主编.建筑工程通用CAD.黑龙江:辽宁科学技术出版社,1997年
[8] 汤庸主编.AutoCADR14中文版培训教程.北京:中国大地出版社,1998年
[9] 中国建筑科学研究院PKPM工程部.PKPM用户手册及编制原理,1998年10月
[10] 中国建筑科学研究院PKPM工程部.PK用户手册及编制原理,1998年10月
[11] 中国建筑科学研究院PKPM工程部.TAT用户手册及编制原理,1998年10月
[12] 《PKPM新天地》1~14期
[13] 中国建筑科学研究院高层建筑技术开发部.多层及高层建筑结构空间分析程序TBSA(5.0版)用户手册,1996年
[14] 中国建筑科学研究院高层建筑技术开发部.多层及高层建筑结构空间分析程序TBSA(5.0版)技术手册,1996年
[15] 周果行编著.工民建专业毕业设计.第2版.北京:中国建筑工业出版社,1997年
[16] 郑良知、丁龙章编.GSCAD空间网架结构优化计算机辅助设计系统使用手册
[17] 张扬.建筑结构CAD技术应用常见失误分析及对策.《建筑结构》,1997年第7期